阿部龍蔵・川村 清 監修

裳華房テキストシリーズ－物理学

解 析 力 学

東京大学教授
理学博士

宮下 精二 著

裳 華 房

ANALYTICAL DYNAMICS

by

Seiji MIYASHITA, DR. SC.

SHOKABO

TOKYO

編 集 趣 旨

「裳華房テキストシリーズ - 物理学」の刊行にあたり，編集委員としてその編集趣旨について概観しておこう．ここ数年来，大学の設置基準の大綱化にともなって，教養部解体による基礎教育の見直しや大学教育全体の再構築が行われ，大学の授業も半期制をとるところが増えてきた．このような事態と直接関係はないかも知れないが，選択科目の自由化により，学生にとってむずかしい内容の物理学はとかく嫌われる傾向にある．特に，高等学校の物理ではこの傾向が強く，物理を十分履修しなかった学生が大学に入学した際の物理教育は各大学における重大な課題となっている．

裳華房では古くから，その時代にふさわしい物理学の教科書を企画・出版してきたが，従来の厚くてがっちりとした教科書は敬遠される傾向にあり，“半期用のコンパクトでやさしい教科書を”との声を多くの先生方から聞くようになった．

そこでこの時代の要請に応えるべく，ここに新しい教科書シリーズを刊行する運びとなった．本シリーズは18巻の教科書から構成されるが，それぞれその分野にふさわしい著者に執筆をお願いした．本シリーズでは原則的に大学理工系の学生を対象としたが，半期の授業で無理なく消化できることを第一に考え，各巻は理解しやすくコンパクトにまとめられている．ただ，量子力学と物性物理学の分野は例外で半期用のものと通年用のものとの両者を準備した．また，最近の傾向に合わせ，記述は極力平易を旨とし，図もなるべくヴィジュアルに表現されるよう努めた．

このシリーズは，半期という限られた授業時間においても学生が物理学の各分野の基礎を体系的に学べることを目指している．物理学の基礎ともいうべき力学，電磁気学，熱力学のいわば3つの根から出発し，物理数学，基礎量子力学などの幹を経て，物性物理学，素粒子物理学などの枝ともいうべき専門分野に到達しうるようシリーズの内容を工夫した．シリーズ中の各巻の関係については付図のようなチャートにまとめてみたが，ここで下の方ほどより基礎的な分野を表している．もっとも，何が基礎的であるかは読者個人の興味によるもので，そのような点でこのチャートは一つの例であるとご理解願えれば幸いである．系統的に物理学の勉学をする際，本シリーズの各巻が読者の一助となれば編集委員にとって望外の喜びである．

阿部龍蔵，川村　清

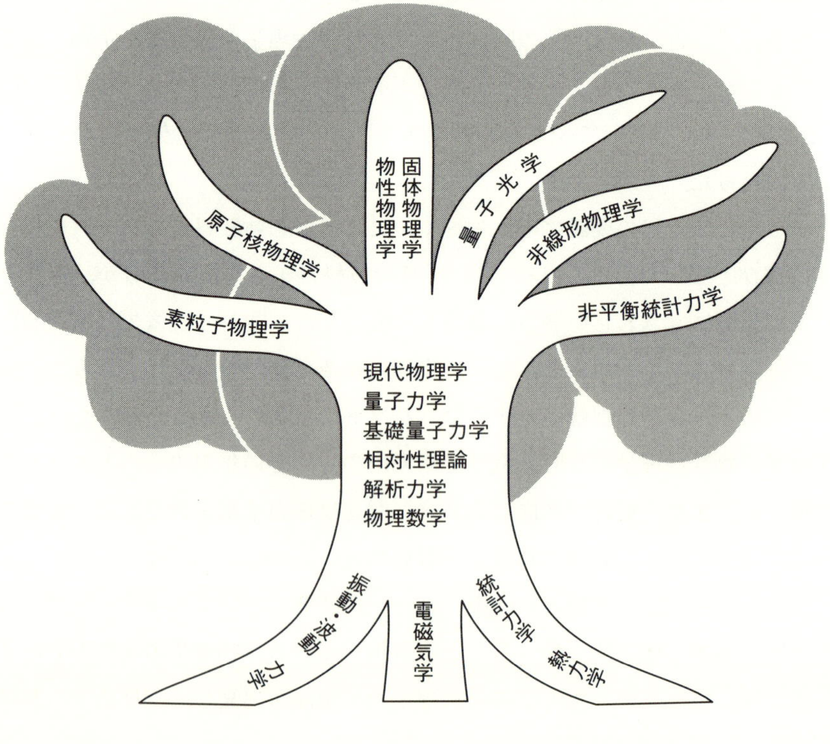

はしがき

解析力学では力学の原理を変分の考え方を用いてまとめ直し，力学の原理のもつ特徴を考察する．

いわゆる力学では自由落下やバネの運動，惑星の運動など多様な運動が簡単なニュートン方程式に集約されることを学び，自然界の原理のあり方に触れることができた．しかし，そこでは具体的な力のもとで運動方程式を解くことによって運動を実際に求めることが主なテーマであり，あまり自然の原理とは何かを強調して意識しなかった．

解析力学は，もともと力学の問題をより見通しよく解くために整理されてきた方法論であり，いろいろな変数変換をする場合や束縛がある場合の運動方程式の導出などで威力を発揮する．しかし，そのような具体的解法における利点もさることながら，解析力学では自然の原理ということをより直接的に意識する形になっている．特に，考える対象の運動を運動方程式でなく，**作用積分**の変分という形で捉えることによって，いわゆるニュートン力学のみならず，電磁気学も含めて物理現象の原理の統一的な捉え方を可能にしている．さらに，本質的に新しい原理である量子力学や相対論も解析力学で培われた諸概念のもとで構築されて来た．さらに，系の状態全体を集合として把握する**位相空間**という考え方は，統計力学の基礎となっていることはもちろん量子力学での状態というものの理解の上で極めて重要である．また，系の対称性と保存則の関係は物理の諸現象の理解の基礎となるものである．このように，解析力学のもたらす多くの考え方，概念は物理学を学んでいく上で避けて通れないものである．

本書では，解析力学の考え方を紹介し，そこに出てくる諸概念，たとえば作用積分，ラグランジアン，ハミルトニアン，正準変数，位相空間，ポアソンの括弧式，などを説明する．さらに，これら解析力学の考え方が，学生諸君がこれから物理理論として習う統計力学，量子力学，相対論，電磁気学などにおいてどのように関係しているかについて簡単なまとめをつけた．特に，上でも述べたように，解析力学で現れる幾つかの関係は量子力学誕生の際に重要なヒントを与えている．これらについては量子力学を習ってから見直すと，力学の神秘性に触れることができるだろう．

最後になったが，貴重なご意見，アドバイスをいただいた佐々木 節氏に深く感謝するとともに，執筆をはげましていただいた本シリーズの監修者の川村 清先生，裳華房 編集部の真喜屋実孜氏にお礼を申し上げたい．

2000年2月

宮下精二

目　　次

1.　序(運動とつり合い)

2.　変分原理とラグランジアン

3.　ハミルトニアンと正準変数

4.　不変性と保存則

5.　物理学における解析力学

付　　録

コ ラ ム

1 序（運動とつり合い）

自由落下や惑星の運動など，いろいろな形態をとる運動がニュートンの運動の法則として非常にコンパクトにまとめられることを力学として学んだが，その法則のもつ意味をより深く考察しようとするのが解析力学である．その出発点となる運動状態をある種のつり合い状態と見なす考え方を導入しよう．

§1.1　力学の原理

まず最初に力学について，簡単に復習しておこう．力学とは“ちから”の学問である．この ちから（力）とは何かという問に対して力学ではまず，力がはたらいていない状態というものがあることを定義した．つまり，「力がはたらいていない場合，物体は等速直線運動をする．」という**慣性の法則**を導入した．そのために等速とか直線とかが定義されている時空の座標系 $(\boldsymbol{r}, t)$ を導入した．その上で，等速直線運動からずれる原因を力ということにした．等速直線運動からのずれは数学的には加速度で表される．質点の運動を関数 $\boldsymbol{r}(t) = (x(t), y(t), z(t))$ で表すとき，力 $\boldsymbol{F}$ は物質固有の量としての質量 m を用いて

$$m\frac{d^2\boldsymbol{r}(t)}{dt^2} = \boldsymbol{F} \tag{1.1}$$

とまとめられることが見出された（**運動の法則**）．さらに，二点間にはたらく力は，二点間の距離 $\boldsymbol{r}(t)$ について相対的なものであり，一方的にあるものが

他のものを引いたり，押したりするものではないということに注意した（**作用・反作用の法則**）．これら三法則を合わせて，ニュートンの運動の法則，あるいは力学の三法則とよぶ．

物体は与えられた $\boldsymbol{F}$ のもとで，(1.1)にしたがって運動するということが，いわゆる力学の内容である．力学において力自身は，ばね ならフックの法則，惑星なら万有引力，荷電粒子ならクーロン力などと外から与えられ，力の原因については触れられない．そこでは，板の上の物体が板から受ける抗力や，摩擦なども力として対等に取扱われる．この意味で力学は力の学問ではなく，運動の学問というべきである．実際，力学は英語では Mechanics あるいは Dynamics とよばれる．

力学の対象は (1.1) の解法，またそこから派生するエネルギー保存則，運動量保存則，角運動量保存則など一般的性質の解明であった．具体的な運動方程式を解くことは，簡単な系でさえ大変である．解が具体的な積分形で書き下せるのは，2 体問題（本質的に 1 体問題）までで，3 体問題は特殊な場合を除いて解けない．自由度が 6 しかない剛体の運動でさえ，一般的には解けない．

解析力学においても (1.1) の新しい強力な解法は与えられないが，そこでは少し違った立場から (1.1) の示す深い意味を考察しようとしている．

§1.2　仮想仕事の原理とダランベールの原理

物体が静止しているとき，全体としては力がはたらいていないのであるが，個々の原因からの力を考え，その和が 0 であることを強調するときそれら個々の力がつり合っているという（図 1.1）．

$$\sum_i \boldsymbol{F}_i = 0 \tag{1.2}$$

このつり合いの状態を表すのに，これらの力がはたらいている質点の位置 $\boldsymbol{r}$ を仮想的に $\delta\boldsymbol{r}$ だけ動かしてみることを考える．

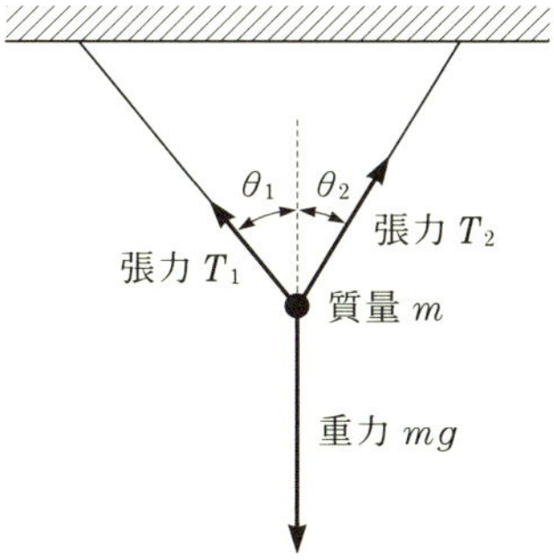

図 1.1　力のつり合い

$$\boldsymbol{r} \to \boldsymbol{r} + \delta\boldsymbol{r}$$

つり合いの条件 (1.2) より，このときなされる仕事 δW は

$$\delta W = \delta\boldsymbol{r}\cdot\sum_i \boldsymbol{F}_i = 0 \qquad (1.3)$$

となる．このようにつり合いの条件を微小変位に対する仕事を通して与えることもできる．つまり，つり合いの状態では，任意の微小な変位に対し仕事がゼロになると表現することができる．これを**仮想仕事の原理**という．

この考え方を運動状態に拡張しよう．運動状態では力の和は 0 でなく (1.1) が成り立っている．そこで，質点とともに運動する座標形に移るとその座標系では物体は静止しているので，見かけ上，力がつり合っている．このときのつり合いの式は

$$\boldsymbol{F} - m\frac{d^2\boldsymbol{r}(t)}{dt^2} = 0 \qquad (1.4)$$

である．ここで $\boldsymbol{r}(t)$ は粒子の運動を表す関数である．

(1.4) の第 2 項は質点とともに運動する座標系が慣性系でないため現れるもので，慣性力とよばれる．人工衛星での無重力状態がこの (1.4) のつり合いの好例である．そこでは重力がなくなったのではなく，重力と慣性力である遠心力がつり合っているのである (図 1.2)．このように運動状態もつり合いの問題としてとらえることができることを**ダランベールの原理**という．このダランベールの原理でのつり合いにおける仮想仕事の原理は

$$\left(\boldsymbol{F} - m\frac{d^2\boldsymbol{r}(t)}{dt^2}\right)\cdot\delta\boldsymbol{r} = 0 \qquad (1.5)$$

となる．このつり合いは各時刻ごとに成り立っている．このつり合いを満たすように運動 $\boldsymbol{r}(t)$ が決まっているとみることができるので，(1.5) はダランベールの変分方程式とよばれることもある．

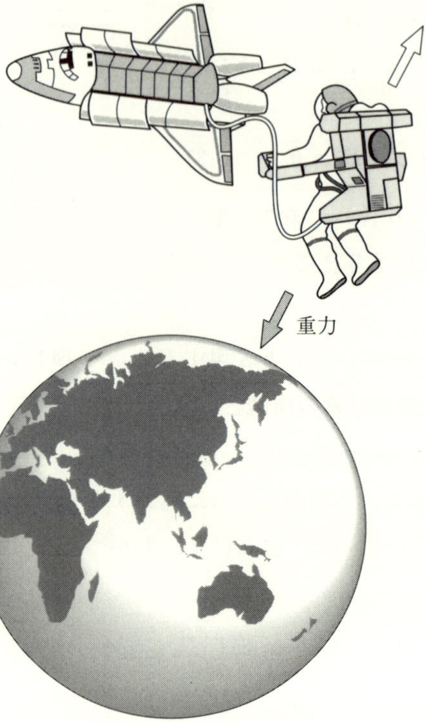

図1.2　無重力

一般に，N 個の質点がある場合は，それらの運動を

$$(\boldsymbol{r}_1(t), \cdots, \boldsymbol{r}_N(t)) = (x_1(t), \cdots, x_{3N}(t)) \tag{1.6}$$

と表す．つまり，各質点の x, y, z 成分も $x_i(t)$ で通し番号をつけることにする．このとき（1.5）は各成分ごとに独立に

$$\left(F_i - m\frac{d^2x_i(t)}{dt^2}\right)\delta x_i = 0, \qquad i = 1, 2, \cdots, 3N \tag{1.7}$$

となる．

この各瞬間ごとの仮想仕事の原理はニュートンの運動方程式と全く同等であるが，このような形に書くことで束縛条件のもとでの運動を求めるのが便利になる．束縛条件のもとでは，仮想変位 δx_i を考える範囲が限定され，その

自由度が減る．たとえば，長さが一定 (l) の振り子（図 1.3）の運動ではその角度だけが実質的な変数であるので，質点の位置を，デカルト座標 (x, y) でなく極座標 ($r = l$, ϕ) で表し，角度だけの運動方程式を考える方が便利になる．このように，束縛条件を考慮した変数をうまく利用すると，運動の実質的な変数だけを取扱うことができ，運動を求める際に見通しがよくなる．

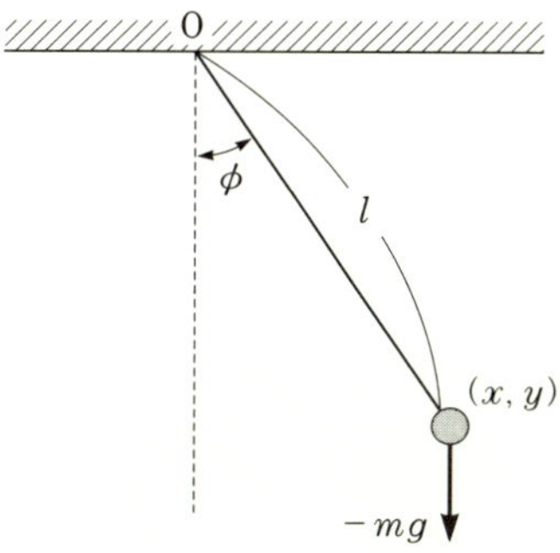

図 1.3　振り子

逆に各変数が自由に変化するとし，それぞれの変数ごとに変位を独立に扱った方が便利なこともある．そのような場合に，見かけ上各変数を自由に変化させながら束縛条件を考慮する方法として**ラグランジュの未定乗数法**とよばれる一般的な方法がある．これについては巻末付録の A.1 で説明する．

解析力学では運動が何らかの意味でのつり合いの条件によって決まっていると考え，そのつり合いの条件をニュートンの運動の法則に等価な力学の原理として定式化する．この原理は変分原理とよばれ，力学のもついろいろな特徴を明らかにし，さらに電磁気学なども統一的にとらえる新しい見方を与える．

演 習 問 題

［**1**］　無重力状態での実験をスペースシャトルでなく地球上で行う工夫をせよ．

［**2**］　図 1.1 での糸の張力 T_1，T_2 を求めよ．

［**3**］　回転座標系での見かけの速度および運動方程式を記せ．

2 変分原理とラグランジアン

運動を何らかのつり合い状態と見なす考え方を変分原理として考え，作用積分，ラグランジアンなどの概念を導入する．また，運動をベクトルの方程式であるニュートンの運動方程式でなく，ラグランジアンという関数を通して考えることによって見えてくる力学の新しいイメージを考える．

§2.1　ハミルトンの原理

解析力学ではニュートンの運動方程式

$$m_i \frac{d^2 x_i(t)}{dt^2} = F_i, \qquad i = 1, \cdots, 3N \tag{2.1}$$

によって与えられる運動を表す軌道 $\{x_i(t)\}$ を**変分問題**として求めようとしている．ここで変分問題とは，何かある関数の極値を与える値を求める問題である．いまの場合，求めようとしているのが時間の関数としての軌道 $\{x_i(t)\}$ であるので極値を考える関数は軌道を表す関数の関数である．このような関数の関数のことを一般に汎関数とよぶ．ここでは汎関数として，軌道 $\{x_i(t)\}$ のある関数 $L(\{x_i(t)\})$ を時間に沿って積分した $I(\{x_i(t)\})$

$$I = \int_{t_0}^{t_1} L(\{x_i(t)\})\, dt \tag{2.2}$$

を考える．つまり，図 2.1 に示すように，空間と時間からなる“時空”の上でいろいろな軌道を考え，その中で汎関数 $I(\{x_i(t)\})$ の極値を与えるものを実際の運動の軌道と考えるのである．ただし，軌道の出発点と終点は決めておくことにする．つまり，$t = t_0$, $t = t_1$ で $\delta x_i = 0$ とする．

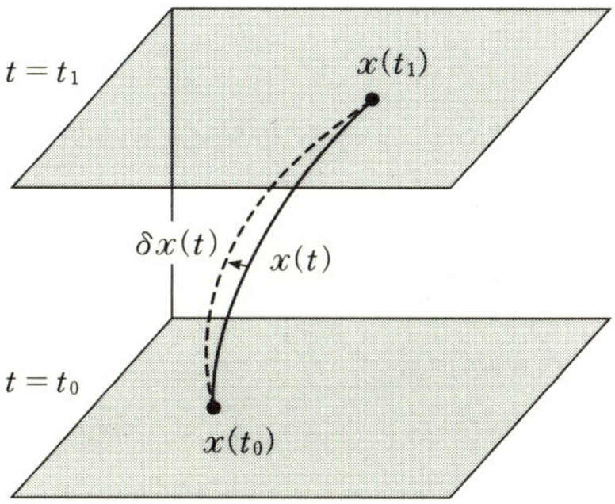

図2.1　時空における軌道と変分

ここで，被積分関数 $L(\{x_i(t)\})$ としてどのような関数をとれば $I(\{x_i(t)\})$ の極値を与える軌道 $\{x_i(t)\}$ が実際の運動を与える，つまり，ニュートンの方程式を満たすのかをこれから調べていく．

極値を与えるということは変数を少し変化させたとき，関数の値が変化しないということである．そこで，軌道 $\{x_i(t)\}$ を少し変えたとき，つまり

$$x_i'(t) = x_i(t) + \delta x_i(t), \qquad i = 1, \cdots, 3N \tag{2.3}$$

としたときの $I(\{x_i(t)\})$ の変化量

$$\delta I = I(\{x_i'(t)\}) - I(\{x_i(t)\}) \tag{2.4}$$

を考え，

$$\delta I = 0 \tag{2.5}$$

となる軌道 $\{x_i(t)\}$ をさがすのである．ここで δI は I の**変分**とよばれる．また，$\delta x_i(t)$ 自身も $x_i(t)$ の変分とよぶ．

このように変分問題として運動の軌道が決定されることを力学の原理として与えることを**変分原理**という．この変分原理の考え方は，各瞬間におけるつり合いの式 (1.7)

$$\left(F_i - m\frac{d^2x_i(t)}{dt^2}\right)\delta x_i(t) = 0$$

を，実際の運動の軌道 $\{x_i(t)\}$ を少し変えたときの $I(\{x_i(t)\})$ の変分が 0 であること

$$\delta I = \sum_i \left(m \frac{d^2 x_i(t)}{dt^2} - F_i \right) \delta x_i(t) = 0 \tag{2.6}$$

として表していると見ることができる．

この関係を満たす $I(\{x_i(t)\})$ は具体的にどのような形をしているのであろうか．(2.6) の条件が (2.1) の形の運動方程式を与えるための汎関数 I の形を具体的に求めてみよう．まず，自由粒子，つまり $\{F_i = 0\}$ の場合を考える．少し天下り的であるが運動エネルギー

$$T(\boldsymbol{r}(t)) = \frac{1}{2} \sum_i m_i \left(\frac{dx_i(t)}{dt} \right)^2 \tag{2.7}$$

をある時間 $[t_0, t_1]$ の間で積分した

$$I = \int_{t_0}^{t_1} T(\boldsymbol{r}(t))\, dt \tag{2.8}$$

の変分を調べてみよう．ここで $\boldsymbol{r}(t)$ は $\{x_i(t)\}$ を表している(以下も同様)．軌道を少し変化させた場合 ($\boldsymbol{r}'(t) = \boldsymbol{r}(t) + \delta\boldsymbol{r}(t)$，つまり $x_i'(t) = x_i(t) + \delta x_i(t)$) の運動エネルギーが

$$T(\boldsymbol{r}'(t)) - T(\boldsymbol{r}(t)) = \sum_i m_i \frac{dx_i}{dt} \frac{d\delta x_i}{dt} + O(\delta {x_i}^2) \tag{2.9}$$

となることから，I の変分は

$$\delta I = \int_{t_0}^{t_1} \sum_i m_i \frac{dx_i}{dt} \frac{d\delta x_i}{dt}\, dt + O(\delta {x_i}^2) \tag{2.10}$$

となる．以後，軌道 $x_i(t)$ を単に x_i と書くが，それらは軌道を表す時間の関数を表している．この積分を (2.6) の形，つまり δx_i での変分の形にもっていくため，部分積分すると

$$\delta I = \sum_i m_i \frac{dx_i}{dt} \delta x_i \Bigg|_{t_0}^{t_1} - \int_{t_0}^{t_1} \sum_i m_i \frac{d^2 x_i}{dt^2} \delta x_i\, dt \tag{2.11}$$

となる．ここで，$t = t_0$, $t = t_1$ で $\delta x_i = 0$ ととることにしたので右辺第 1 項は消え

$$\delta I = -\int_{t_0}^{t_1} \sum_i m_i \frac{d^2 x_i}{dt^2} \delta x_i\, dt \tag{2.12}$$

が与えられる．このようにして，式 (2.6) における加速度の項は I として式

(2.8) をとると与えられることがわかる．つまり，運動エネルギー $\sum_i (dx_i/dt)^2$ の時間積分を最小にする $\{x_i(t)\}$ が実際の運動を与えるとみることができる．

‘時空’における自由運動

ここで，図 2.1 の空間で，力がはたらいていない場合の運動がどのようなものであるか考えてみよう．議論をわかりやすくするため時間軸方向を N 等分して離散的な時間で考える．($N \to \infty$ で連続極限への移行する．) まず，t を

$$s_0 = t_1, s_1 = t_0 + \frac{t_1 - t_0}{N}, \quad \cdots, \quad s_N = t_1 \tag{2.13}$$

とすると，上の積分 (2.8) は縦方向の ずれ

$$z_n = \frac{x_i(t_{n+1}) - x_i(t_n)}{\Delta t}, \quad \Delta t = \frac{t_1 - t_0}{N} \tag{2.14}$$

の 2 乗

$$I = \frac{m}{2} \sum_n z_n{}^2 \tag{2.15}$$

で与えられる．ただし，簡単のため空間成分は 1 成分だけ考える．いま，両端での値は $x_i(t_0)$，$x_i(t_1)$ と決まっているので，

$$\sum_n z_n = \frac{x_i(t_1) - x_i(t_0)}{\Delta t} = \frac{x_1 - x_0}{t_1 - t_0} N = 一定 \tag{2.16}$$

である．条件 (2.16) のもとで式 (2.15) を最小にするには巻末付録の A.1 で説明しているラグランジュの未定乗数法が有効である．まず，

$$\delta I = m(z_1 \delta z_1 + \cdots + z_N \delta z_N) = 0 \tag{2.17}$$

に束縛条件 (2.16)

$$\delta z_1 + \cdots + \delta z_N = 0 \tag{2.18}$$

に未定乗数 λ を乗じて加え，

$$z_1 \delta z_1 + \cdots + z_N \delta z_N + \lambda(\delta z_1 + \cdots + \delta z_N) = \sum_n (\lambda + z_n) \delta z_n = 0 \tag{2.19}$$

を得る．この関係が各 δz_n ごとに成り立つためには

$$z_n = -\frac{1}{\lambda} \tag{2.20}$$

でなくてはならない．これを式 (2.16) に代入して

$$z_n = \frac{x_1 - x_0}{t_1 - t_0} = 一定 \tag{2.21}$$

が得られる．つまり，$t = t_0$ と $t = t_1$ での 2 点を直線的に結ぶ線が実際の運動である．これは等速直線運動（慣性運動）を表している．

次に，力の項 F_i を考えよう．(2.12) で

$$-m_i \frac{d^2 x_i}{dt^2} \rightarrow F_i - m_i \frac{d^2 x_i}{dt^2} \tag{2.22}$$

とすると

$$\delta I = \int_{t_0}^{t_1} \sum_i \left(-m_i \frac{d^2 x_i}{dt^2} + F_i \right) \delta x_i \, dt + O(\delta x_i{}^2) \tag{2.23}$$

となる．力 F_i がポテンシャルエネルギーから導ける場合

$$F_i = -\left. \frac{\partial U(\boldsymbol{r})}{\partial x_i} \right|_{x_i = x_i(t)} \tag{2.24}$$

であるので

$$\int_{t_0}^{t_1} \sum_i F_i \delta x_i \, dt = -\int_{t_0}^{t_1} \delta U \, dt \tag{2.25}$$

と書ける．ここで (2.24) に現れる微分 $\partial/\partial x_i$ に出てくる x_i は空間の座標 x_i を表している．それに対し左辺に出てくる x_i は物体の運動を表す時間 t の関数である軌道 $x_i(t)$ を表している．これらの違いは明解であるが，記号法として混乱しやすいので注意しよう．

以上から

$$I = \int_{t_0}^{t_1} [T(\boldsymbol{r}(t)) - U(\boldsymbol{r}(t))] dt \tag{2.26}$$

を考えると，式 (2.6) が満たされることがわかる．つまり，$t = t_0$, $t = t_1$ で $x_i(t_0)$, $x_i(t_1)$ を通るいろいろな軌道の中で，この積分 I の極値を与えるもの

$$\delta I = 0 \tag{2.27}$$

がニュートンの方程式の解，つまり実際の運動を与える．このことから，ニュートンの第 2 法則を，上の積分 I が停留置をとる運動が実現すると言い直

すことができる．この積分 I は**作用積分**とよばれる．このように変分原理として言い直された力学の原理は**ハミルトンの原理**とよばれる．また，I の被積分関数

$$L = T - U \tag{2.28}$$

は，位置座標 $\{x_i\}$ と速度 $\{\dot{x}_i\}$ の関数であり，**ラグランジアン**とよばれる．

以上の考察から，運動の軌道を図 2.1 のように表したとき，[1]　運動エネルギー T をなるべく小さくし，つまり，なるべく直線に近く，かつ [2]　位置のエネルギーをなるべく大きくする，つまり，なるべく位置のエネルギーが大きいところに長く滞在する，という 2 つの要素のバランスで実際の運動が決まっていることがわかる．

例題 2.1

振り子（図 1.3）のラグランジアンを直交座標 (x, y) で求めよ．

［解］　**直交座標**

運動エネルギーは

$$T = \frac{m}{2}(\dot{x}^2 + \dot{y}^2) \tag{2.29}$$

ポテンシャルエネルギーは

$$U = mgy \tag{2.30}$$

で表されることから，ラグランジアン $L = T - U$ は

$$L = \frac{m}{2}(\dot{x}^2 + \dot{y}^2) - mgy \tag{2.31}$$

で与えられる．ただし，ここで x と y は独立でなく，束縛条件 $x^2 + y^2 = l^2$ が課せられていることに注意しよう．

次に束縛条件をうまくとり込むことができる極座標でラグランジアンを表してみよう．

例題 2.2

振り子（図 1.3）のラグランジアンを極座標 (r, ϕ) で求めよ．

［解］ **極座標**

$$\left.\begin{aligned} x &= r\sin\phi \\ y &= -r\cos\phi \end{aligned}\right\} \tag{2.32}$$

より

$$\left.\begin{aligned} \dot{x} &= \dot{r}\sin\phi + \dot{\phi}r\cos\phi \\ \dot{y} &= -\dot{r}\cos\phi + \dot{\phi}r\sin\phi \end{aligned}\right\} \tag{2.33}$$

となる．これらを用いて

$$\left.\begin{aligned} T &= \frac{m}{2}(\dot{r}^2 + r^2\dot{\phi}^2) \\ U &= -mgr\cos\phi \end{aligned}\right\} \tag{2.34}$$

であるので，ラグランジアンは

$$L = \frac{m}{2}(\dot{r}^2 + r^2\dot{\phi}^2) + mgr\cos\phi \tag{2.35}$$

となる．ここで動径方向の変位を許さない場合は $\dot{r} = 0$，$r = l$ とおいて ϕ のみを変数とすればよい．

運動方程式がベクトルの微分方程式であるのに対し，運動方程式が変分として出てくるもとになるラグランジアンは関数，つまり 3 次元空間のスカラーである．上の例でもわかるように運動をある関数，つまり作用積分，の変分としてとらえると，もとの運動方程式自身の場合と異なり変数の変換が容易になる．この性質は次節でも説明する．また，系の対称性と運動における保存量など運動に関するいろいろな側面が見えてくる．これらの性質を調べるのが解析力学の役割である．そこに出てくるいろいろな考え方は物理のすべての分野で考察法の指針となっている．

ここで，作用積分の変分をとるという観点からは，上のラグランジアンにある自由度が残る．まず，(2.28)の定数倍をラグランジアンとしても，作用積分は定数倍になるだけなので (2.27) によって運動方程式が導出される．そこでこの あいまいさ をなくすため，ラグランジアンの定義として (2.28) はその定数を 1 とすることも規定している．

もう一つの自由度はラグランジアンに

$$\frac{d}{dt}W(\{x_i\}, t) \tag{2.36}$$

モーペルチュイ（Maupertuis）の原理

変分原理によって運動の軌跡を決定することはモーペルチュイによって初めて提案されている．そこでは，等エネルギーの運動に沿っての粒子の速さを積分したものが極値をとる

$$\delta\int v(s)\,ds = 0 \tag{2.37}$$

という形で変分原理が提唱された (**モーペルチュイの原理**)．ここで $\int ds$ は軌道に沿っての線積分を意味している．モーペルチュイはこの原理によって力学の神学的意味を論じようとした．この原理は，変分的な考え方の出発点になっているが，軌道の任意の変分を考えた (2.6) とは状況が異なり，等エネルギー面に限定した変分を考えている．また (2.37) では軌跡の始点と終点は決められているが，そこでの時刻についての制限がないため (2.6) の変分の場合のように終点の時刻を決めて $\delta x_i(t_1) = 0$ とすることができない．そのため(2.6) 式との関係は終点での時刻 t_1 の変化を許して考えなくてはならない (演習問題 第 4 章 [2])．

また同様な法則として，幾何光学において光線の進む道筋が，与えられた 2 点間を最小 (一般には停留値) の時間で通過するものであると表すフェルマー (Fermat) の法則がある．この関係は屈折率を $n(\boldsymbol{r})$ として

$$\delta\int n(\boldsymbol{r})\,ds = 0 \tag{2.38}$$

と書ける．

の形をもつ任意の項をつけ加えても，作用積分は，定数 $(W(\{x_i(t_0)\}, t_0) - W(\{x_i(t_1)\}, t_1))$ だけしか変らず，変分は変らないため，実現する運動は変らない．この付加項の自由度は§3.4で議論される．

力 F_i がポテンシャルエネルギーから導けない場合でも，軌道を $\{x_i(t)\}$ から $\{x_i'(t)\}$ に移すのに必要な仕事 $-\sum_i F_i \delta x_i$ をそのまま用いて作用積分の変分は

$$\delta\left\{\int_{t_0}^{t_1} T(\boldsymbol{r}(t))\,dt + \int_{t_0}^{t_1} \sum_i F_i\,\delta x_i\,dt\right\} = 0 \tag{2.39}$$

となる．この場合もハミルトンの原理という．摩擦がある場合など，エネルギーが保存しない場合も (2.39) を用いてラグランジアンを導入することができる (演習問題 [1])．以後，特別な場合を除いて，力がポテンシャルエネルギーから導かれる場合のみを考えるが，一般化は直接的にできる．

さらに，運動に束縛条件が課されていても，ハミルトンの原理はそのまま成立している．ただし，変分が束縛条件を満たすような範囲に限られるため，この効果は巻末付録のラグランジュの未定乗数法を用いて軌道を決定しなくてはならない．しかし，簡単のために以降では，運動の束縛に陽に触れない．

§2.2　ラグランジュの運動方程式

運動エネルギーとポテンシャルエネルギーが与えられたとき，運動方程式は

$$m_i \frac{d^2 x_i}{dt^2} = -\frac{\partial U}{\partial x_i} \tag{2.40}$$

である．前節では，この運動方程式が出てくるように，ラグランジアン $L = T - U$ を導いたが，ここでは逆にラグランジアンが与えられたとして，その場合に作用積分の極値を与える軌道がしたがう方程式を導いてみよう．

$$\delta \int_{t_0}^{t_1} L(\{x_i, \dot{x}_i\})\,dt = 0 \tag{2.41}$$

において

$$\left.\begin{aligned} x_i(t) &\to x_i(t) + \delta x_i(t) \\ \dot{x}_i(t) &\to \dot{x}_i(t) + \frac{d\delta x_i(t)}{dt} = \dot{x}_i(t) + \delta\dot{x}_i(t) \end{aligned}\right\} \tag{2.42}$$

であるので，(2.41) は

$$\int_{t_0}^{t_1} \sum_i \left[\frac{\partial L}{\partial \dot{x}_i}\delta\dot{x}_i + \frac{\partial L}{\partial x_i}\delta x_i\right] dt = 0 \tag{2.43}$$

となる．変分を考えるのは軌道 x_i についてであり，$\delta\dot{x}_i$ は x_i によって $d\delta x_i/dt$ と与えられているので δx_i と独立でない．そこで，部分積分

$$\int_{t_0}^{t_1} \frac{\partial L}{\partial \dot{x}_i}\delta\dot{x}_i\,dt = \frac{\partial L}{\partial \dot{x}_i}\delta x_i\bigg|_{t_0}^{t_1} - \int_{t_0}^{t_1} \frac{d}{dt}\left(\frac{\partial L}{\partial \dot{x}_i}\right)\delta x_i\,dt \tag{2.44}$$

をして，第 1 項が両端の条件によって落ちることを用いると

$$\int_{t_0}^{t_1} \sum_i \left[-\frac{d}{dt}\left(\frac{\partial L}{\partial \dot{x}_i}\right) + \frac{\partial L}{\partial x_i}\right]\delta x_i\,dt \tag{2.45}$$

となる．δx_i の変分より

$$\frac{d}{dt}\left(\frac{\partial L}{\partial \dot{x}_i}\right) = \frac{\partial L}{\partial x_i}, \qquad i = 1, \cdots, 3N \tag{2.46}$$

が得られる．この関係式は**オイラー－ラグランジュ方程式**または**ラグランジュの運動方程式**とよばれる．この関係はニュートンの方程式と同等であり，実際

$$L = \sum_i \frac{m_i}{2}\dot{x}_i^2 - U(\{x_i\}) \tag{2.47}$$

を (2.46) に代入すると (2.40) が得られる．

ここで注意すべきことは位置を表す座標として $\{x_i\}$ のみならず，一般の適当な座標

$$q_j = q_j(\{x_i\}) \tag{2.48}$$

においても (2.46) が成立することである（演習問題 [2]）．このことは変分原理というのは軌道を少し変化させても作用積分が変らないという事実によるもので，変数の表し方にはよらないからである．ここで出てきた $\{q_j\}$ は

一般化された座標，あるいは**広義座標**とよばれる．

新しい座標 $\{q_i\}$ での運動方程式を求めるには，まず運動量 T と位置のポテンシャル U を $\{q_i\}$ で表し，それらによってラグランジアン L を作る．それによって運動方程式は

$$\frac{d}{dt}\left(\frac{\partial L(q,\dot{q})}{\partial \dot{q}_i}\right)=\frac{\partial L}{\partial q_i} \tag{2.49}$$

の形で与えられる．

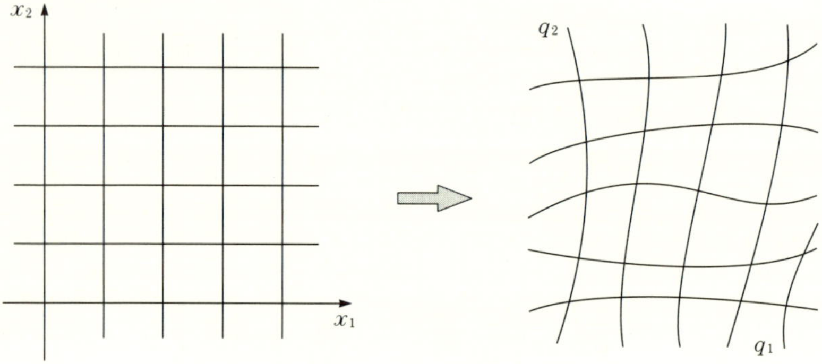

図 2.2　座標の変数

ただし，ここでの変換で $\{q_i\}$ は $\{x_i\}$ の関数であり $\{\dot{x}_i\}$ の関数ではない．もし $q_i=q_i(\{x_i\},\{\dot{x}_i\})$ ならば (2.49) は成立しない．$\{x_i\}$ と $\{\dot{x}_i\}$ が混ざる変換は次章で考える．

例題 2.3

円筒座標（図 2.3）での運動方程式を求めよ．

［**解**］　円筒座標では

$$\left.\begin{aligned} x &= r\cos\phi \\ y &= r\sin\phi \\ z &= z \end{aligned}\right\} \tag{2.50}$$

より

$$\left.\begin{aligned}\dot{x} &= \dot{r}\cos\phi - r\dot{\phi}\sin\phi\\ \dot{y} &= \dot{r}\sin\phi + r\dot{\phi}\cos\phi\\ \dot{z} &= \dot{z}\end{aligned}\right\}\quad(2.51)$$

である．これから円筒座標での運動エネルギー，位置のエネルギーはそれぞれ

$$T = \frac{m}{2}(\dot{x}^2 + \dot{y}^2 + \dot{z}^2)$$

$$= \frac{m}{2}(\dot{r}^2 + (r\dot{\phi})^2 + \dot{z}^2) \quad (2.52)$$

$$U(x, y, z) = U(r\cos\phi, r\sin\phi, z) \quad (2.53)$$

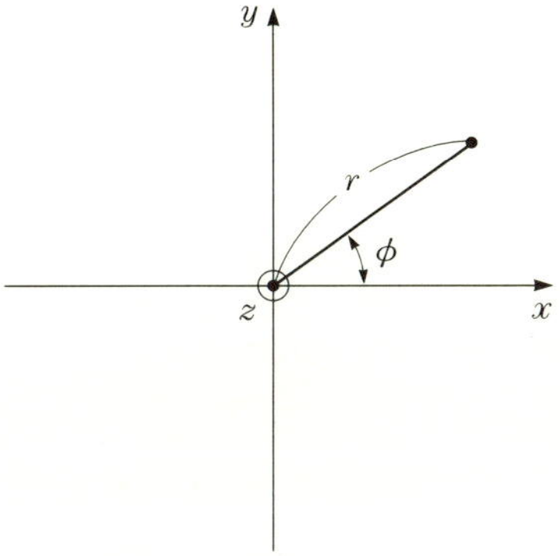

図 2.3　円筒座標

と与えられる．

ラグランアン $L = T - U$ は上の T，U を用いて

$$L = \frac{m}{2}(\dot{r}^2 + (r\dot{\phi})^2 + \dot{z}^2) - U(r\cos\phi, r\sin\phi, z) \quad (2.54)$$

となる．これから円柱座標でのラグランジュの運動方程式 (2.46) は

$$\left.\begin{aligned}\frac{d}{dt}\left(\frac{\partial L}{\partial \dot{r}}\right) &= \frac{\partial L}{\partial r}\\ \frac{d}{dt}\left(\frac{\partial L}{\partial \dot{\phi}}\right) &= \frac{\partial L}{\partial \phi}\\ \frac{d}{dt}\left(\frac{\partial L}{\partial \dot{z}}\right) &= \frac{\partial L}{\partial z}\end{aligned}\right\}\quad(2.55)$$

であることがわかる．(2.54) を用いて具体的に書くと

$$\left.\begin{aligned}\frac{\partial L}{\partial \dot{r}} &= m\dot{r}, & \frac{\partial L}{\partial r} &= mr(\dot{\phi})^2 - \frac{\partial U}{\partial r}\\ \frac{\partial L}{\partial \dot{\phi}} &= mr^2\dot{\phi}, & \frac{\partial L}{\partial \phi} &= -\frac{\partial U}{\partial \phi}\\ \frac{\partial L}{\partial \dot{z}} &= m\dot{z}, & \frac{\partial L}{\partial z} &= -\frac{\partial U}{\partial z}\end{aligned}\right\}\quad(2.56)$$

となり，円筒座標での運動方程式

$$
\left.\begin{aligned}
m\ddot{r} &= mr(\dot{\phi})^2 - \frac{\partial U}{\partial r} \\
m\frac{d(r^2\dot{\phi})}{dt} &= -\frac{\partial U}{\partial \phi} \\
m\ddot{z} &= -\frac{\partial U}{\partial z}
\end{aligned}\right\} \tag{2.57}
$$

が得られる．

この円筒座標の運動方程式で，U が ϕ を含まない場合，つまり，質点が軸対称な力の場において運動しているとき

$$
\frac{d}{dt}(mr^2\dot{\phi}) = 0
$$

つまり，$mr^2\dot{\phi}$ が一定になる．質点の原点からの距離が r，z 軸の周りの速さが $r\dot{\phi}$ であることに注意すると，この量は z 軸の周りの角運動量であることがわかる．つまり，変数 ϕ に関して系が一様であれば z 軸の周りの角運動量が一定になることがわかる．一般に L に含まれない座標 q_i のことを**循環座標**といい，$\partial L/\partial \dot{q}_i$ が一定になる．

ここで，運動における積分という考え方に触れておこう．上で考えた全系のエネルギーのように，$\{q_i\}$ と $\{\dot{q}_i\}$ のある関数が時間的に一定の場合，それらは運動方程式の**積分**（あるいは**保存量**）とよばれる．この積分というよび方は力学独特のよび方で，一種の物理学でのスラングと思ってよい．運動の積分は系の対称性と深い関係をもっている．

ラグランジアンが空間的に一定の場合，位置座標 x_i が循環座標となり，x_i に対応する運動量 $m\dot{x}_i$ が保存量となる．つまり，運動量積分が現れる．同様にして，系が回転に対して不変の場合，つまり上述の中心力の場合などには角度が循環座標となり角運動量が保存量となる（§ 4.1 参照）．

例題 2.4

図 2.4 のように 2 つの振り子をつなげたものを二重振り子という．それぞれの質点の質量を m_1，m_2 とし，また枝の長さは l_1, l_2 とする．ここで枝の長さは常に一定とする．この二重振り子の運動方程式を求めよ．

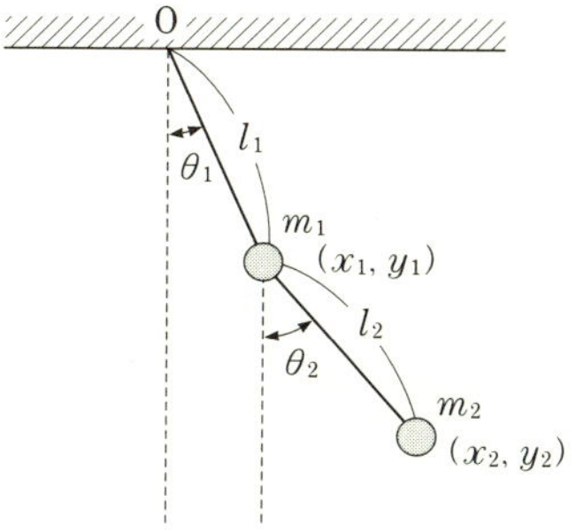

図 2.4 二重振り子

[解] この系の運動エネルギーは，質点の座標をそれぞれ (x_1, y_1)，(x_2, y_2) とすると

$$T = \frac{m_1}{2}((\dot{x}_1)^2 + (\dot{y}_1)^2) + \frac{m_2}{2}((\dot{x}_2)^2 + (\dot{y}_2)^2) \tag{2.58}$$

位置のエネルギーは

$$U = m_1 g y_1 + m_2 g y_2 \tag{2.59}$$

である．この T と U を用いてラグランジアンを作り，x_1, x_2, y_1, y_2 について(2.46)を用いると 4 つの運動方程式が得られる．しかし，枝の長さが一定という条件，$x_1{}^2 + y_1{}^2 = l_1^2$，$(x_2 - x_1)^2 + (y_2 - y_1)^2 = l_2^2$，(束縛条件)，があるので，その条件のもとで変分を考えなくてはならない．そのためラグランジュの未定乗数法（巻末付録）を用いなくてはならない．その効果は巻末付録で説明しているように束縛力，つまり枝からの張力という形で現れる．この方法で具体的に二重振り子を考えるのは大変面倒である．そこで[例題 2.2]と同様に枝の長さが一定という条件をとり入れた変数のとり方をして運動方程式を求めることにする．

つまり，図 2.4 のように，角度 θ_1，θ_2 をとると

$$\left.\begin{aligned} x_1 &= l_1 \sin\theta_1, \quad y_1 = -\,l_1\cos\theta_1 \\ x_2 &= l_1\sin\theta_1 + l_2\sin\theta_2, \quad y_2 = -\,(l_1\cos\theta_1 + l_2\cos\theta_2) \end{aligned}\right\} \tag{2.60}$$

であるので，これらを用いてラグランジアン $L(l_1, l_2, \theta_1, \theta_2)$ を求める．このラグラ

ンジアンはやはり4つの変数 $(l_1, l_2, \theta_1, \theta_2)$ の関数であるが，枝の長さが一定であるという条件は $\dot{l}_1 = 0$，$\dot{l}_2 = 0$ の形でとり入れられるので，実際には θ_1，θ_2 の関数として扱うことができる．

θ_1，θ_2 に関してラグランジュの方程式を立てると

$$\left.\begin{aligned}(m_1 + m_2) l_1^2 \ddot{\theta}_1 + m_2 l_1 l_2 (\ddot{\theta}_2 \cos(\theta_1 - \theta_2) + \dot{\theta}_2^2 \sin(\theta_1 - \theta_2)) \\ = -(m_1 + m_2) l_1 g \sin\theta_1 \\ m_2 l_2^2 \ddot{\theta}_2 + m_2 l_1 l_2 (\ddot{\theta}_1 \cos(\theta_1 - \theta_2) - \dot{\theta}_1^2 \sin(\theta_1 - \theta_2)) \\ = -m_2 g l_2 \sin\theta_2\end{aligned}\right\} \tag{2.61}$$

が得られる．ここで θ_1，θ_2 が小さいとして線形化すると微小振動に関する方程式：

$$\left.\begin{aligned}\ddot{\theta}_1 &= -\frac{m_1 + m_2}{m_1}\frac{g}{l_1}\theta_1 + \frac{m_2}{m_1}\frac{g}{l_1}\theta_2 \\ \ddot{\theta}_2 &= \frac{m_1 + m_2}{m_1}\frac{g}{l_2}\theta_1 - \frac{m_1 + m_2}{m_1}\frac{g}{l_2}\theta_2\end{aligned}\right\} \tag{2.62}$$

が求められる．

演 習 問 題

［**1**］　速度に比例する抵抗 $X_i = -k\dot{x}_i$ を受ける質点を考える．

この抵抗は $F = \dfrac{1}{2}\sum_i k_i \dot{x}_i^2$ を用いて

$$X_i = -\frac{\partial}{\partial \dot{x}_i}F \tag{2.63}$$

で表される．一般化座標 $\{q_j\}$ を導入した場合に，ラグランジュの運動方程式が

$$\frac{d}{dt}\left(\frac{\partial T}{\partial \dot{q}_j}\right) - \frac{\partial T}{\partial q_j} + \frac{\partial F}{\partial \dot{q}_j} = Q_j \tag{2.64}$$

となることを示せ．ただし，T は運動エネルギー，Q は抵抗力以外の力である．

［**2**］　(2.49) を具体的に (2.46) より導け．

［**3**］　図2.5のように質量 m, M をもつ2つの物体 A, B と ばね を配置したとき，

A の運動について以下の問に答えよ．ただし摩擦は考えない．

（1） ラグランジアンを求めよ．

（2） 運動方程式を求めよ．

（3） 運動を求めよ．

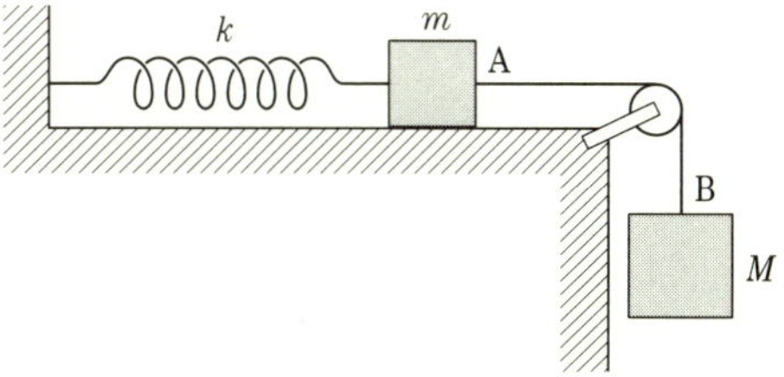

図 2.5

［4］ 質量 m, M をもつ 2 つの物体を質量が無視できる ばね でつないだときの運動について以下の問に答えよ．ただし，ばねの自然長を l, ばね定数を k とする．

（1） ラグランジアンを求めよ．また，それを重心座標と相対座標でも表せ．

（2） 運動方程式を求めよ．

（3） 初期条件として 2 つの物体を距離 $l+a$ だけ離して静かに放したときの運動を求めよ．

（4） 上の結合系を図 2.6 のように壁におしつけた状態から静かに放したときの運動を求めよ．

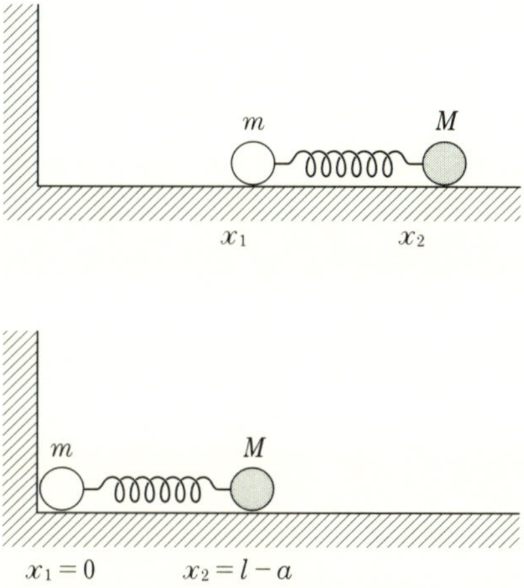

図 2.6

［5］ 図 2.7 のように質量 m, 長さ l の 2 つの振り子を重さが無視できる ばね でつないだ系を考えよう．ただし，静止状態で 2 つの質点の距離は ばね の自然長に一致しているとする．ただし，ばね定数を k とする．以下の問に答えよ．

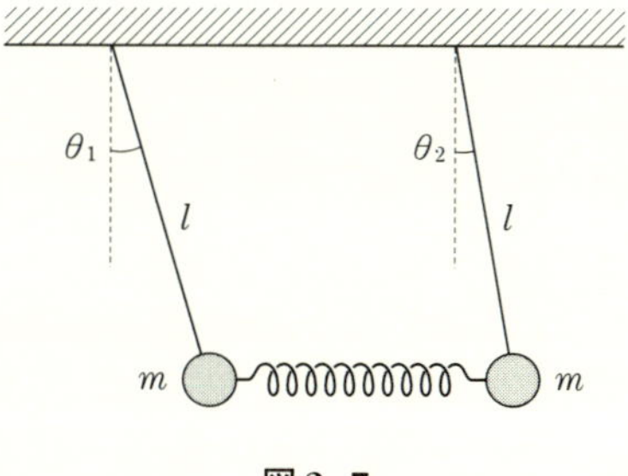

図 2.7

（1）この系のラグランジアンを求めよ．

（2）微小振動に関する運動方程式を求めよ．

（3）初期条件として $\theta_1 = \theta_2$，$\theta_1 = -\theta_2$ としたときの運動を求めよ．

（4）右側の振り子を鉛直方向 ($\theta_1 = 0$)，左側の振り子を少し傾けた状態 ($\theta_2 = a \ll 1$) からの運動を求めよ．

［**6**］半径 R の円筒に巻きつけられている振り子の運動について以下の問に答えよ．ただし $l \gg R$ とする．鉛直下方に おもり があるときの糸の長さを l とする．

（1）質点の運動に関するラグランジアンを求めよ．

（2）運動方程式を求めよ．

（3）振動の様子を R/l の 0 次の近似で求めよ．また θ が小さいときの解を求めよ．

（4）θ が小さいときの解を R/l の 1 次の近似で求めよ．

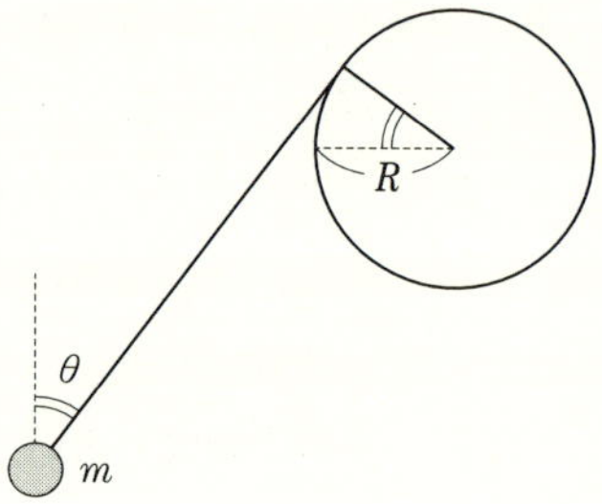

図 2.8

3 ハミルトニアンと正準変数

ラグランジアンの立場では運動は軌道 $\{x_i(t)\}$ によって与えられ，その変分は $\delta x_i(t)$ に関するものであった．しかし，そこでは $x_i(t)$ のしたがう方程式が時間に関して2階であり，運動を決定するにはある時刻の位置と運動量 $\{x_i(t), \dot{x}_i(t)\}$ を指定しなくてはならない．そこで新たに運動量なる量 $p_i(t)$ を導入し，運動を $\{x_i(t), p_i(t)\}$ の空間での1階の微分方程式としてとらえ，運動を表す“状態”の記述をより見通しよくし，さらにより一般的な変数変換が可能なハミルトニアンの考え方を導入する．

§3.1　正準方程式

ここまでは運動を位置 $\{x_i\}$ と速度 $\dot{x}_i$ を独立な変数としてきたが，ここで新しい変数として x_i に**共役な運動量**

$$p_i = \frac{\partial L}{\partial \dot{x}_i} \tag{3.1}$$

を導入しよう．ここで x_i と運動量 p_i は**互いに共役**とよばれる．新しく導入した変数 p_i の時間微分はラグランジュの運動方程式

$$\frac{d}{dt}\left(\frac{\partial L}{\partial \dot{x}_i}\right) = \frac{\partial L}{\partial x_i}$$

より

$$\dot{p}_i = \frac{\partial L}{\partial x_i} \tag{3.2}$$

で与えられる．通常のデカルト座標の変数として位置 $\{x_i\}$ では

$$p_i = m_i \dot{x}_i \tag{3.3}$$

となり，これまで用いて来た普通の運動量と速度の関係になっている．† しかし，たとえば円筒座標では[例題 2.3]の(2.56)に示したもの，つまり，$p_r = m\dot{r}$，$p_\phi = mr^2\dot{\phi}$，$p_z = m\dot{z}$ が，それぞれ r，ϕ，z に対する運動量である．この例でもわかるように，一般化された座標系で運動量はいろいろな形になる．つまり，角運動量は角度に共役な運動量であるということができる．(3.1)で与えられた運動量は，**一般化された運動量**あるいは**広義運動量**とよばれ，解析力学で重要な役割をする．

独立変数が位置と速度 $(x_i, \dot{x}_i)$ ではなく，位置と運動量 (x_i, p_i) である関数として**ハミルトニアン**とよばれる

$$H = \sum_i p_i \dot{x}_i - L \tag{3.4}$$

で与えられる関数を導入する．ここでは $\dot{x}_i$ や L は x_i と p_i の関数，つまり $\dot{x}_i = \dot{x}_i(x_i, p_i)$，$L = L(x_i, p_i)$ である．ここでラグランジアンからハミルトニアンへの変換は**ルジャンドル変換**とよばれるものの1つである（巻末付録A.2）．L では独立変数が x_i と $\dot{x}_i$ であり

$$dL = \sum_i \left\{ \left(\frac{\partial L}{\partial x_i} \right) dx_i + \left(\frac{\partial L}{\partial \dot{x}_i} \right) d\dot{x}_i \right\} \tag{3.5}$$

であるのに対し，H では

$$\begin{aligned} dH &= d\left(\sum_i p_i \dot{x}_i\right) - dL \\ &= \sum_i \left\{ p_i\, d\dot{x}_i + \dot{x}_i\, dp_i - \left(\frac{\partial L}{\partial x_i} \right) dx_i - \left(\frac{\partial L}{\partial \dot{x}_i} \right) d\dot{x}_i \right\} \end{aligned}$$

† 5.5.1節で見るように，電磁場中の荷電子の運動量はデカルト座標でも(3.3)の形をしていない．

$$= \sum_i \left\{ \dot{x}_i \, dp_i - \left(\frac{\partial L}{\partial x_i} \right) dx_i \right\} \tag{3.6}$$

となり，p_i と x_i が独立変数になっている．

(3.4) を p_i と x_i で表したものを $H(p_i, x_i)$ とすれば，上の関係と (3.2) を用いて位置と運動量 (x_i, p_i) を変数として運動方程式は

$$\begin{aligned} \frac{dx_i}{dt} &= \frac{\partial H}{\partial p_i} \\ \frac{dp_i}{dt} &= -\frac{\partial H}{\partial x_i} \end{aligned} \tag{3.7}$$

と表される．この方程式は**ハミルトンの正準方程式**とよばれる．ここでの変数の組 $\{p_i, x_i\}$ は**正準変数**とよばれる．

ここで(3.7)が1階の微分方程式になっていることに注意しよう．つまり，もともと x_i の2階の微分方程式であった運動方程式を，運動量を新たな変数と見なすことで連立1階の微分方程式に書き変えたと考えてよい．運動方程式がこのように連立の1階微分方程式で表されるということは系の状態が $\{p_i, x_i\}$ で与えられ，その変化が $\{p_i, x_i\}$ を独立変数とする空間内での互いに交わらない連続な線で表されることを意味している．この $\{p_i, x_i\}$ からなる空間は**位相空間**とよばれる．$\{p_i, x_i\}$ の各点は考えている系の異なる状態を表しているので位相空間は**状態空間**ともよばれ，系の運動を考える上での土壌ともいえるものであり，統計力学や量子力学において極めて重要な概念となる（第5章参照）．

また，この状態を表す点 $(\{p_i, x_i\})$ は**状態点**とよばれ，その軌跡は**トラジェクトリー**とよばれる．例として1次元調和振動子の運動を位相空間の上で考えてみよう．系のハミルトニアンは

$$H = \frac{1}{2m} p^2 + \frac{k}{2} x^2 \tag{3.8}$$

であり，運動方程式は

$$\dot{x} = \frac{p}{m}, \qquad \dot{p} = -kx \tag{3.9}$$

で与えられる．初期条件として $t=0$ で

$$x = x_0, \qquad p = 0 \tag{3.10}$$

とすると，運動は

$$x(t) = x_0 \cos(\omega t), \qquad \omega = \sqrt{\frac{k}{m}} \tag{3.11}$$

で与えられる．状態点 (x, p) は図3.1のように位相空間 (x, p) 上で

$$\frac{1}{2m}p^2 + \frac{k}{2}x^2 = E = \frac{k}{2}{x_0}^2 \tag{3.12}$$

の楕円上を運動する．このように状態点は位相空間上の等エネルギー線上を運動する．

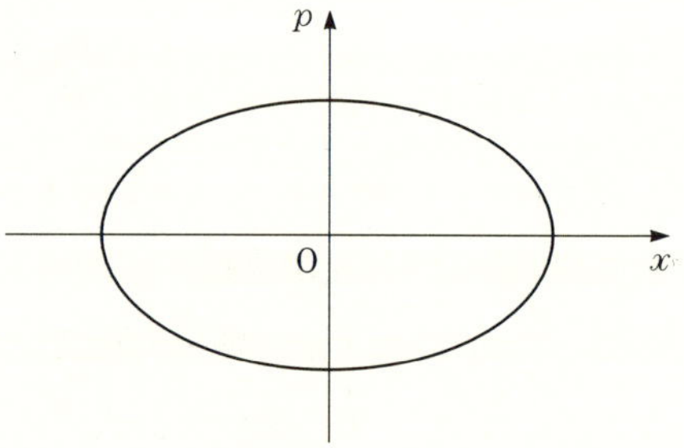

図 3.1　調和振動子の位相空間における等エネルギー線（トラジェクトリー）

ハミルトニアン H が時間に陽によらない場合†

$$\frac{dH}{dt} = \sum_i \frac{\partial H}{\partial x_i}\dot{x}_i + \sum_i \frac{\partial H}{\partial p_i}\dot{p}_i = \sum_i(-\dot{p}_i\dot{x}_i + \dot{x}_i\dot{p}_i) = 0 \tag{3.13}$$

であり，ハミルトニアンの値は時間的に一定である．実際，たとえば，位置のエネルギーが $\dot{x}$ に依存しない場合

$$p_i = \frac{\partial L}{\partial \dot{x}_i} = \frac{\partial T}{\partial \dot{x}_i} \tag{3.14}$$

であるので

$$\sum_i p_i\dot{x}_i = \sum_i \frac{\partial T}{\partial \dot{x}_i}\dot{x}_i = 2T \tag{3.15}$$

---

† 時間に陽によるとは $dH/dt \neq 0$, つまり, ハミルトニアンの形自身が時間変化することを意味する．たとえば，調和振動子がバネ定数 k が時間依存する（$k = k(t)$）場合である．陽によるとは変な日本語であるが，通常このように言うのでここでもそれを用いる．

となることに注意し，(3.4) に代入すると，

$$H = 2T - L = 2T - (T - U)$$

つまり

$$H = T + U = E \tag{3.16}$$

が得られる．このことから H は系の全エネルギーにほかならないことがわかる．つまり，運動方程式の形が時間的に不変の場合にハミルトニアンの値が運動の積分（エネルギー積分）となる．ハミルトニアンが時間に陽によらない場合，エネルギーが保存することは一般的な立場から導出される（§4.1）．

§3.2　座標変換と正準変換

運動方程式を表すには，位置を指定する何らかの座標 x_i, p_i を用いる．その場合に用いる座標系の選び方は一意的でない．たとえば，位置座標軸の方向を少し回転したものを新しい座標系とし，その新しい座標系で位置を表すこともできる．どのような座標系を選んでも，運動そのものは同じであるので，それぞれの座標系で運動は記述できる．

新しい座標系での運動を表すには，古い座標系での位置の変数 $\{x_i\}$ を新しい座標系での変数 $\{X_i\}$ で書き換えればよい．この書き換えはラグランジアンを用いると非常に見通しよく行うことができた((2.49) 式)．新しい座標系での運動方程式を求めるには，まず，系のラグランジアンを新しい変数で書き直し

$$L = L(\{X_i\}, \{\dot{X}_i\}) \tag{3.17}$$

それに対してラグランジュの運動方程式 (2.49) を用いれば求められた．

この新しい変数 X_i に共役な運動量は

$$P_i = \frac{\partial L}{\partial \dot{X}_i} \tag{3.18}$$

と与えられる．

例として，簡単な座標回転の場合(図 3.2)を考えてみよう．角度 ϕ 回転した新しい座標での変数を (X, Y)

$$\begin{pmatrix} X \\ Y \end{pmatrix} = \begin{pmatrix} \cos\phi & \sin\phi \\ -\sin\phi & \cos\phi \end{pmatrix} \begin{pmatrix} x \\ y \end{pmatrix} \tag{3.19}$$

とすると，新しい座標でのラグランジアンは

$$L = \frac{m}{2}(\dot{X}^2 + \dot{Y}^2) - U(X, Y) \tag{3.20}$$

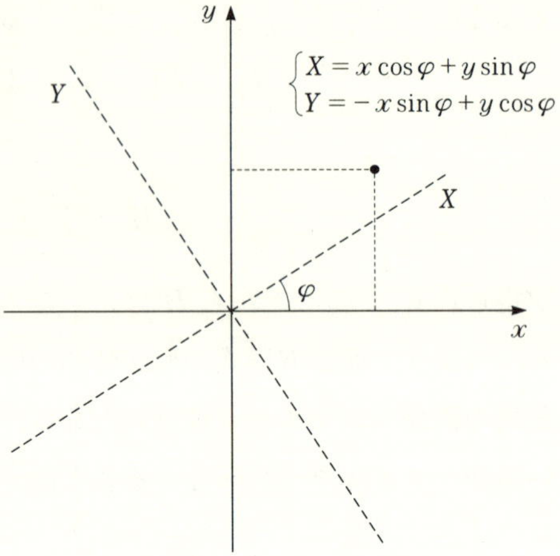

図 3.2　座標の回転

であり，新しい運動方程式は

$$\left.\begin{aligned} m\ddot{X} &= -\frac{\partial U}{\partial X} \\ m\ddot{Y} &= -\frac{\partial U}{\partial Y} \end{aligned}\right\} \tag{3.21}$$

で与えられる．

また，新しい座標系での運動量は

$$\left.\begin{aligned} P_X &= \frac{\partial L}{\partial \dot{X}} = m\dot{X} = m(\cos\phi\,\dot{x} + \sin\phi\,\dot{y}) \\ P_Y &= \frac{\partial L}{\partial \dot{Y}} = m\dot{Y} = m(-\sin\phi\,\dot{x} + \cos\phi\,\dot{y}) \end{aligned}\right\} \tag{3.22}$$

となる．これらの変換は通常の定義そのもので，このような大げさな手続きをする必要が感じられないが，もう少し面倒な変換，たとえば§2.2 の[例題 2.3] で示したように，円筒座標 (2.50) での運動方程式の導出や運動量の導入にはこの方法は欠かせない．円筒座標での運動方程式 (2.57) はラグランジアン (2.54) から容易に導かれた．また，運動量は (3.18) により

$$
\left.\begin{aligned}
P_r &= \frac{\partial L}{\partial \dot{r}} = m\dot{r} \\
P_\phi &= \frac{\partial L}{\partial \dot{\phi}} = mr^2\dot{\phi} \\
P_z &= \frac{\partial L}{\partial \dot{z}} = m\dot{z}
\end{aligned}\right\} \qquad (3.23)
$$

となる．

このようにして導入した運動量を用いて新しい座標で表したハミルトニアン（3.4）を求め，新しい座標系での運動方程式を正準方程式（3.7）により導出することもできる．たとえば，円筒座標での動径方向の運動方程式

$$
m\ddot{r} = mr(\dot{\phi})^2 - \frac{\partial U}{\partial r}
$$

は，ハミルトニアン

$$
H = m(\dot{r})^2 + mr^2(\dot{\phi})^2 + m(\dot{z})^2 - L(r, \phi, z) \qquad (3.24)
$$

を用いて正準方程式 (3.7) の第 2 式から

$$
\frac{d}{dt}(m\dot{r}) = -\frac{\partial H}{\partial r} = mr(\dot{\phi})^2 - \frac{\partial U}{\partial r}
$$

と得られる．

一般に正準方程式が成り立つ新しい変数の組 X_i，P_i への変換を**正準変換**という．運動を軌道，つまり $\{x_i(t)\}$ で考えると $x_i(t)$ と $\dot{x}_i(t)$ が混ざった変換というのは考えにくいが，前節で導入した運動量と位置，つまり $\{x_i(t), p_i(t)\}$ による記述では，一般に x_i と p_i の組合せによる新しい変数の導入も自然に考えられる．そのような場合，新しい変数 X_i は必ずしも古い位置座標 $\{x_i\}$ だけから作られる必要はなく，もとの座標と運動量の一般の組合せが許される．このような一般的な変数 X_i に対しその共役な運動量 P_i を考えるとその間に正準方程式が成り立っている．一般に正準変換という場合は，このような一般的な座標変換をさす．

§3.3　ハミルトニアンによる変分原理

ハミルトニアンにおける変分原理を考えよう．ラグランジアンを用いて変分原理は (2.41)

$$\delta\int_{t_0}^{t_1} L(x, \dot{x}, t)\,dt = 0 \tag{3.25}$$

と表された．ラグランジアン L を正準変数 $\{x_i\}$ と $\{p_i\}$ で表したもの

$$L = \sum p_i\dot{x}_i - H(p, x, t) \tag{3.26}$$

を考えると，(2.41) は

$$\delta\int_{t_0}^{t_1}\Big(\sum p_i\dot{x}_i - H(p, x, t)\Big)dt = 0 \tag{3.27}$$

となる．(2.41) では軌道 $\{x_i(t)\}$ を独立変数として δx_i に関して変分を考えたが，ハミルトニアンでは独立変数は x，p であるので，x_i と p_i を独立に変分をとると

$$\int_{t_0}^{t_1}\sum_i\Big(\delta p_i\dot{x}_i + p_i\delta\dot{x}_i - \frac{\partial H}{\partial p_i}\delta p_i - \frac{\partial H}{\partial x_i}\delta x_i\Big)dt = 0 \tag{3.28}$$

ここで

$$\begin{aligned}\int_{t_0}^{t_1} p_i\delta\dot{x}_i\,dt &= \Big[p_i\delta x_i\Big]_{t_0}^{t_1} - \int_{t_0}^{t_1}\dot{p}_i\delta x_i\,dt \\ &= -\int_{t_0}^{t_1}\dot{p}_i\delta x_i\,dt \end{aligned}\tag{3.29}$$

より

$$\int_{t_0}^{t_1}\sum_i\Big[\Big(\dot{x}_i - \frac{\partial H}{\partial p_i}\Big)\delta p_i - \Big(\dot{p}_i + \frac{\partial H}{\partial x_i}\Big)\delta x_i\Big]dt = 0 \tag{3.30}$$

となり，ハミルトンの正準方程式 (3.7) が得られる．

ここの議論において以下の点に注意しなくてはならない．つまり，$p_i = \partial L/\partial\dot{x}_i$ で与えられており x_i と独立というわけにはいかない．そのため，δp_i は δx_i と独立に変分できない．しかし，以下に示すように δp_i の係数 $\dot{x}_i - \partial H/\partial p_i$ は恒等的に 0 であり (3.30) と書いても矛盾はない．

$$\boldsymbol{\dot{x}_i = \partial H / \partial p_i}$$

$$H = \sum p_i \dot{x}_i - L(p, x, t)$$

において，p_i, x_i を独立変数として p_j で偏微分すると

$$\begin{aligned}\frac{\partial H}{\partial p_j} &= \dot{x}_j + \sum_i p_i \frac{\partial \dot{x}_i}{\partial p_j} - \sum_i \frac{\partial L}{\partial \dot{x}_i}\frac{\partial \dot{x}_i}{\partial p_j} \\ &= \dot{x}_j + \sum_i \frac{\partial \dot{x}_i}{\partial p_j}\left(p_i - \frac{\partial L}{\partial \dot{x}_i}\right) \\ &= \dot{x}_j\end{aligned}$$

となり $p_i = \partial L / \partial \dot{x}_i$ と運動量を定義すれば，$\{x_i\}$ と $\{p_i\}$ によって

$$\dot{x}_j = \frac{\partial}{\partial p_j}\left(\sum p_i x_i - L(x_i, \dot{x}_i(x_i p_i))\right) = \frac{\partial H(x_i, p_i)}{\partial p_j}$$

と表される．つまり，$p_i = \partial L / \partial \dot{x}_i$ と置き $H = \sum p_i x_i - L$ と置く場合に $\dot{x}_i = \partial H / \partial p_i$ は恒等式であることがわかる．

そこで (3.27) の変分において，p_i と x_i を両方とも独立に変分をとることを要求すると考え，(3.30) の δp_i，δx_i の係数が 0 であることからハミルトンの正準方程式が出てくると見直すことにする．この意味で (3.27) はハミルトニアンにおける，つまり位相空間における変分原理とみなせる．

ここで積分の上，下限で $\delta x_i = 0$ であるが，$\delta p_i = 0$ も要求することにする．この要請のもとで p と x は対等になり次に考えるような x と p を混ぜるような変換に対しても変分原理の成立がいえる．

§3.4　母関数による正準変換

正準変換を一般に取扱うのに次に説明する**母関数**とよばれるものが用いられる．†

新しい変数 (X, P)：

$$X = X(x, p, t), \qquad P = P(x, p, t) \tag{3.31}$$

† 記述が煩雑になるので，関数の引き数に現れる x や p の添字は以後省略する．

を導入して（3.26）を書き直してみよう．（3.31）を逆に解いて

$$x = x(X, P, t), \qquad p = p(X, P, t) \tag{3.32}$$

を（3.26）に代入すると

$$\begin{aligned} &L(x(X, P), p(X, P)) \\ &\quad = \sum_i p_i(X, P, t)\,\dot{x}_i(X, P, t) - H(p(X, P, t), x(X, P, t), t) \end{aligned} \tag{3.33}$$

となる．右辺を

$$\sum_i P_i \dot{X}_i(X, P, t) - H'(X, P, t) + \frac{d}{dt}W, \qquad \dot{X}_i = \frac{\partial H'(X, P, t)}{\partial P_i} \tag{3.34}$$

の形に変形できれば

$$\delta\int_{t_0}^{t_1}\left(\sum P_i\dot{X}_i - H'(X, P, t)\right)dt = 0 \tag{3.35}$$

が成立することから，新しい変数 (X, P) も正準変数である．(3.35) では時間に関する全微分は変分に寄与しないことを用いた．このことから

$$\sum p_i\dot{x}_i - H(p, x, t) = \sum_i P_i\dot{X}_i - H'(P, X, t) + \frac{dW}{dt} \tag{3.36}$$

の関係が成立することが正準変換の条件であるということができる．

§2.1 でも述べたように，変分で運動方程式を導くという点からは上式の右辺と左辺は等しい必要はなく，比例していればよい．しかし，もとのラグランジアンを新しい変数で書き直したと考え，比例係数は 1 にとる．(3.36) の形を利用して正準変換を与えることを考えよう．

$\dot{x}_i\,dt = dx_i$，$\dot{X}_i\,dt = dX_i$ であることに注意すると

$$dW = \sum p_i\,dx_i - \sum P_i\,dX_i - (H(p, x, t) - H'(P, X, t))\,dt \tag{3.37}$$

と書ける．ここで x_i，X_i，t を独立変数として

$$dW = \frac{\partial W}{\partial x_i}dx_i + \frac{\partial W}{\partial X_i}dX_i + \frac{\partial W}{\partial t}dt \tag{3.38}$$

と表すと

$$\begin{cases} p_i = \dfrac{\partial W}{\partial x_i} \\ P_i = -\dfrac{\partial W}{\partial X_i} \\ H'(P, X, t) = H(p, x, t) + \dfrac{\partial W}{\partial t} \end{cases} \tag{3.39}$$

と書ける．

また，$W = W' + \sum x_i p_i$ とし W' を p と X の関数と考えれば

$$dW' = -\sum x_i\, dp_i - \sum P_i\, dX_i - (H - H')\, dt \tag{3.40}$$

となることから

$$\begin{cases} x_i = -\dfrac{\partial W'}{\partial p_i} \\ P_i = -\dfrac{\partial W'}{\partial X_i} \\ H' = H + \dfrac{\partial W'}{\partial t} \end{cases} \tag{3.41}$$

同様にして，$W = W'' - \sum P_i X_i$ とすると

$$\begin{cases} p_i = \dfrac{\partial W''}{\partial x_i} \\ X_i = \dfrac{\partial W''}{\partial P_i} \\ H' = H + \dfrac{\partial W''}{\partial t} \end{cases} \tag{3.42}$$

$W = W''' + \sum_i p_i x_i - \sum P_i X_i$ とすると

$$\begin{cases} x_i = -\dfrac{\partial W'''}{\partial p_i} \\ X_i = \dfrac{\partial W'''}{\partial P_i} \\ H' = H + \dfrac{\partial W'''}{\partial t} \end{cases} \tag{3.43}$$

となる．ここで W を P と X の関数と考えると上のようなコンパクトな形

の変換式は得られない．

ここで，変換が時間に依存しないとき $H' = H$ となりハミルトニアンの値は変らないこともわかる．以上の考察から W を与えることによって正準変換が与えられることがわかる．この W は**正準変換の母関数**とよばれる．

特に $X_i = x_i$, $P_i = p_i$ である場合を**恒等変換**という．この変換を与えるには（3.41）において

$$W' = -\sum p_i X_i \tag{3.44}$$

とすればよい．このとき（3.39）の W は

$$W = \sum_i (x_i p_i - p_i X_i) = \sum_i p_i (x_i - X_i) \tag{3.45}$$

と表される．

例題 3.1

直交座標系 (x, y) から円筒座標系 (r, ϕ) への母関数による変換を求めよ．

［**解**］　この座標変換の場合 $\{x_i\} = \{x, y\}$, $\{X_i\} = \{r, \phi\}$ であり，位置座標の関係が

$$x = r\cos\phi, \qquad y = r\sin\phi$$

で与えられることがわかっているので（3.41）を用いる．つまり，（3.41）の第１式で，p_x, p_y での微分によりそれぞれ x, y が出でくるようにするため，W として

$$W = -p_x r\cos\phi - p_y r\sin\phi \tag{3.46}$$

とする．このとき

$$x = r\cos\phi, \qquad y = r\sin\phi \tag{3.47}$$

$$P_r = p_x\cos\phi + p_y\sin\phi, \qquad P_\phi = -p_x r\sin\phi + p_y r\cos\phi \tag{3.48}$$

となる．これらにより運動エネルギーの円柱座標表示が

$$T = \frac{1}{2m}({p_x}^2 + {p_y}^2) = \frac{1}{2m}\left({P_r}^2 + \frac{{P_\phi}^2}{r^2}\right) \tag{3.49}$$

のように求められる．

例題 3.2

位置と運動量をとりかえる変換 $(x, p) \to (X, P) = (p, -x)$ の母関数を求め，新しい変数での運動方程式を求めよ.

［**解**］ (3.43) で $W''' = pP$ とすると

$$x = -\frac{\partial W'''}{\partial p} = -P, \qquad X = +\frac{\partial W'''}{\partial P} = +p \tag{3.50}$$

となり $(X, P) = (p, -x)$ が導かれる.

元のハミルトニアンを $H(x, p)$ とすると $H'(X, P) = H(-P, X)$ であるので

$$\begin{aligned}
\frac{dX}{dt} = \frac{\partial H'}{dP} \quad &\leftrightarrow \quad \frac{dp}{dt} = \frac{\partial H(-P, X)}{\partial P} = -\left.\frac{\partial H(x, p)}{\partial x}\right|_{x=-P} \\
\frac{dP}{dt} = -\frac{\partial H'}{\partial X} \quad &\leftrightarrow \quad -\frac{dx}{dt} = -\frac{H(-P, X)}{\partial X} = -\left.\frac{\partial H(x, p)}{\partial p}\right|_{p=X}
\end{aligned} \tag{3.51}$$

となり正準方程式を満たしている.

上での変換は位相空間における 90° 回転に相当している. もし単純に x と p をとりかえる変換を考えるには上の変換につづいて $x \to -x$ の変換を行う必要があるが，この変換は変数を連続的に変換することでは実現できない.

§3.5　無限小変換

正準変換で $X_i - x_i$, $P_i - p_i$ が無限小であるものを**無限小正準変換**とよぶ. この場合 W は，たとえば

$$W(X, p) = -pX + \varepsilon S(X, p), \qquad \varepsilon \ll 1 \tag{3.52}$$

と書ける.† ここで

$$\left.\begin{aligned}
x_i &= X_i - \varepsilon\frac{\partial S}{\partial p_i} \\
P_i &= p_i - \varepsilon\frac{\partial S}{\partial X_i} = p_i - \varepsilon\frac{\partial S}{\partial x_i} + o(\varepsilon)
\end{aligned}\right\} \tag{3.53}$$

† $W(x, P) = xP + \varepsilon S'(x, P)$ などでもよい. また，以下 W, W', W'', W''' のすべてを単に W と書く.

である．ここで ε を含む項の中では X_i を x_i とした．この $S(p, x)$ は無限小変換の母関数とよばれる．書き直すと

$$X_i = x_i + \varepsilon \frac{\partial S}{\partial p_i}, \qquad P_i = p_i - \varepsilon \frac{\partial S}{\partial x_i} \tag{3.54}$$

となる．

正準変換としての運動

(3.54) の例として，S としてハミルトニアン H，ε として $\varDelta t$ をとると

$$\left.\begin{aligned} X_i - x_i &= \varDelta t \frac{\partial H}{\partial p_i} = \dot{x}_i \varDelta t \\ P_i - p_i &= -\varDelta t \frac{\partial H}{\partial x_i} = \dot{p}_i \varDelta t \end{aligned}\right\} \tag{3.55}$$

となり，運動方程式を与える．このことから運動による時間発展は正準変換になっていることがわかる．

---

§3.6　正準変換の条件

与えられた変換：

$$\left.\begin{aligned} x &\to X \\ p &\to P \end{aligned}\right\} \tag{3.56}$$

が正準変換であるかどうかを調べる方法を考えてみよう．ここでは簡単のため1変数で説明する．多変数への拡張は直接的にできる．正準方程式が新しい変数でも成り立つのであるから

$$\frac{dX}{dt} = \frac{\partial H(X, P)}{\partial P} \tag{3.57}$$

$$\frac{dP}{dt} = -\frac{\partial H(X, P)}{\partial X} \tag{3.58}$$

である．(3.57) の両辺をもとの変数 x，p を用いて，それぞれ

$$\frac{dX}{dt} = \frac{\partial X}{\partial x}\frac{\partial x}{\partial t} + \frac{\partial X}{\partial p}\frac{\partial p}{\partial t} \tag{3.59}$$

$$\frac{\partial H(X, P)}{\partial P} = \frac{\partial H}{\partial x}\frac{\partial x}{\partial P} + \frac{\partial H}{\partial p}\frac{\partial p}{\partial P} \tag{3.60}$$

と表し，x，p に対する正準方程式に注意して比較しよう．このとき

$$\left.\begin{aligned} \frac{\partial X}{\partial x} &= \frac{\partial p}{\partial P} \\ \frac{\partial X}{\partial p} &= -\frac{\partial x}{\partial P} \end{aligned}\right\} \tag{3.61}$$

が満たされていると (3.57) が成立することがわかる．また，同様に (3.61) が成立すると (3.58) も成立し，新しい変数においても正準方程式が成立することがわかる．つまり，(3.61) が正準変換の条件である．

また，エネルギーが一定の場合，正準変換の条件 (3.36)

$$p\dot{x} - H(x, p) = P\dot{X} - H(X, P) + \frac{dW}{dt} \tag{3.62}$$

は

$$p\,dx = P\,dX + dW \tag{3.63}$$

となる．この関係を $p\,dx - P\,dX = dW$ とみると $p\,dx - P\,dX$ がある関数 (いまの場合 W) の微分 (dW) の形で表されている．このようにある関数の微分の形にまとめられる場合は全微分とよばれる．† $p\,dx - P\,dX$ が全微分となることも，変換が正準変換の条件である．

例題 3.3

次の変換が正準変換であることを示せ．

$$\left.\begin{aligned} X &= k\sqrt{2x}\cos p \\ P &= \frac{1}{k}\sqrt{2x}\sin p \end{aligned}\right\} \tag{3.64}$$

[**解**]　式 (3.61) を満たしているので正準変換である．

† くわしくは解析学の教科書参照

［**別解**］

$$P\,dX - p\,dx = d(x \sin p \cos p - px) \tag{3.65}$$

と全微分となるのでこの変換は正準変換である.

式(3.63)から位相空間上の曲線C$(a \to b)$が正準変換でC$'(A \to B)$に移ったとすると，それぞれの曲線に沿っての積分の差は

$$\int_a^b p\,dx = \int_A^B P\,dX + W(b) - W(a) \tag{3.66}$$

と表せる. 特に曲線が閉曲線である場合は一致する：

$$\oint_{\mathrm{C}} p\,dx = \oint_{\mathrm{C'}} P\,dX \tag{3.67}$$

つまり，位相空間での閉曲線に沿っての積分 $\oint_{\mathrm{C}} p\,dx$ は正準変換で不変である. 閉曲線を考える場合には1変数では無理である. ここでの p と x は多次元の変数を表しており，

$$p\,dx \ \to\ \sum_i p_i\,dx_i = p\,ds \tag{3.68}$$

つまり，閉曲線に沿っての線積分を意味している. ここで ds は運動の方向への線素であり，p はその方向の運動量の大きさである.

演習問題

［**1**］ 長さ l の重さのない棒の端に質量 m の質点をつけた重力下（重力加速度は g とする）における系の運動について以下の問に答えよ. ただし，運動は鉛直面内に限らないものとする.

（1） ラグランジアンを求めよ.

（2） 正準方程式を導け.

（3） この系の循環座標は何か.

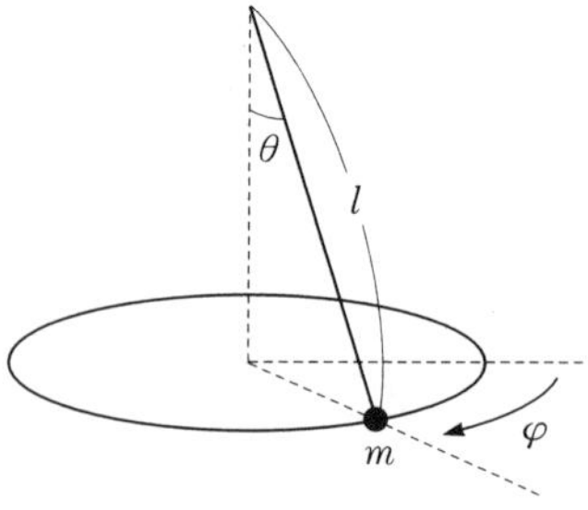

図3.3

（4）　$\theta(t)$ を求めよ．積分形でよい．

（5）　運動を水平面に限ったとき，その角速度を求めよ．

［**2**］　静止系 (x, y, z) から z 軸回りの角速度 ω の回転座標系 (ξ, η, ζ) への変換

$$\left.\begin{aligned} x &= \xi\cos\omega t - \eta\sin\omega t \\ y &= \xi\sin\omega t + \eta\cos\omega t \\ z &= \zeta \end{aligned}\right\} \tag{3.69}$$

を与える正準変換の母関数を求めよ．また，回転座標系での速度と正準運動量の関係を見出せ．

また，中心力を受けている粒子，$H = \dfrac{\boldsymbol{p}^2}{2m} + V(r)$，の回転座標系でのハミルトニアンを求めよ．

［**3**］　第2章の演習問題［3］の系のハミルトニアンを求めよ．また，それから正準方程式によって運動方程式を求めよ．

［**4**］　単振動のハミルトニアン $H = \dfrac{1}{2m}p^2 + \dfrac{1}{2}m\omega^2x^2$ に対して母関数

$$W(x, X) = \frac{m\omega}{2}x^2\cot X \tag{3.70}$$

による正準変換を考える．

（1）　X に共役な運動量 P を求めよ．

（2）　X，P に対するハミルトニアン $H'(X, P)$ を求めよ．

（3）　X，P に関する正準方程式を導き，X，P を時間の関数として求めよ．

［**5**］　調和振動子 $H = \dfrac{p^2}{2m} + \dfrac{1}{2}m\omega^2x^2$ の質量が $m = m_0e^{-\alpha t}$ と時間変化する場合の保存量を求めよ．

（ヒント：　母関数

$$W(x, P, t) = \sqrt{m(t)}\,xP \tag{3.71}$$

を用いた変換を考えてみよ．）

4 不変性と保存則

軸対称ポテンシャルのもとで，その軸の周りの角運動量が保存することを見た．そこで述べたように，一般に，ラグランジアンにある座標 x_i が含まれない場合，つまり x_i が循環座標の場合，それに正準共役な運動量が一定になる．この関係は系のもつ対称性と保存量の関係を与えるもので物理学で重要な役割をする．解析力学では変換に関する系の不変性と運動における保存量の関係が明解な形で示される．この点についてハミルトニアン，ラグランジアンの両面から整理しておこう．

また，正準変換によって不変に保たれなくてはならないいくつかの性質についても説明する．

§4.1　保存量と母関数

一般に，ハミルトニアンがある無限小正準変換（3.54）

$$\left.\begin{aligned} x &\to x + \delta x, \qquad \delta x = \varepsilon\frac{\partial S}{\partial p} \\ p &\to p + \delta p, \qquad \delta p = -\,\varepsilon\frac{\partial S}{\partial x} \end{aligned}\right\} \tag{4.1}$$

に対して不変であれば

$$0 = H(x + \delta x,\, p + \delta p) - H(x, p) = \frac{\partial H}{\partial x}\delta x + \frac{\partial H}{\partial p}\delta p$$

より

$$\frac{\partial H}{\partial x}\frac{\partial S}{\partial p} - \frac{\partial H}{\partial p}\frac{\partial S}{\partial x} = -\frac{\partial S}{\partial p}\dot{p} - \frac{\partial S}{\partial x}\dot{x} = -\frac{dS}{dt} = 0 \tag{4.2}$$

となり，その変換の無限小変換の母関数が不変になることがわかる．

このようにハミルトニアンを不変にする変換に対する母関数は運動における保存量になっている．空間，時間，回転に関してハミルトニアンが不変の場合について考えよう．

1)　位置を a だけずらせる変化：

$$\left.\begin{aligned} X &= x + a \\ P &= p \end{aligned}\right\} \tag{4.3}$$

を引き起こす母関数は，

$$W = -pX + ap \tag{4.4}$$

である．このことから位置の並進を与える無限小変換の母関数 S は運動量 p であることがわかる．

2)　次に，時間を ε だけずらせる変化：

$$\left.\begin{aligned} X(t) &= x(t+\varepsilon) = x(t) + \varepsilon\dot{x} \\ P(t) &= p(t+\varepsilon) = p(t) + \varepsilon\dot{p} \end{aligned}\right\} \tag{4.5}$$

を引き起こす母関数は，ハミルトンの運動方程式

$$\dot{x} = \frac{\partial H}{\partial p}, \qquad \dot{p} = -\frac{\partial H}{\partial x}$$

を思い起こせば，

$$W = -pX + \varepsilon H \tag{4.6}$$

であることがわかる．このことから時間の並進を与える無限小変換の母関数 S はハミルトニアン H であることがわかる．

3)　また，角度 ε だけ回転する変化：

$$\left.\begin{aligned} X &= x - \varepsilon y \\ Y &= y + \varepsilon x \\ P_X &= p_x - \varepsilon p_y \\ P_Y &= p_y + \varepsilon p_x \end{aligned}\right\} \tag{4.7}$$

を引き起こすには母関数を

$$W = -p_x X - p_y Y - \varepsilon(p_x Y - p_y X)$$
$$= -p_x X - p_y Y - \varepsilon(p_x y - p_y x) + o(\varepsilon) \qquad (4.8)$$

ととればよいこともわかる．このことから角度の並進を与える無限小変換の母関数 S は角運動量であることがわかる．

§4.2　ネーターの定理

この不変性と保存量の関係はラグランジアンの不変性からも議論できる．§2.1 でみたように，一般に系がある変換に対して対称性をもち，その変換に対してラグランジアンが不変になるとき，対応する運動量が運動の積分になっている．この定理は，§2.2 の例のような空間的な変換だけでなく，時間の変換を含めた時空でのラグランジアンの不変性からも議論できる．この性質はネーター（Noether）の定理とよばれる．座標のある無限小変換

$$\left.\begin{aligned} t' &= t + \varepsilon w(x, t) \\ x' &= x + \varepsilon u(x, t) \end{aligned}\right\} \qquad (4.9)$$

を考えよう．ここで

$$I' = \int_{t_0}^{t_1} dt'\, L\left(x', \frac{dx'}{dt'}\right) = \int_{t_0}^{t_1} \frac{dt'}{dt} L\left(x', \frac{dx'}{dt'}\right) dt \qquad (4.10)$$

において

$$\frac{dt'}{dt} = 1 + \varepsilon \frac{dw}{dt} \qquad (4.11)$$

に注意して作用積分の変化を ε の 1 次までとると

$$I' = I + \int_{t_0}^{t_1} dt \left[L\left(x', \frac{dx'}{dt'}\right) - L\left(x, \frac{dx}{dt}\right) + \varepsilon \frac{dw}{dt} L\left(x, \frac{dx}{dt}\right) \right] \qquad (4.12)$$

となる．ここで L' を展開して

$$L' = L\left(x', \frac{dx'}{dt'}\right) = L\left(x + \varepsilon u, \left(\frac{dx}{dt} + \varepsilon \frac{du}{dt}\right)\left(1 - \varepsilon \frac{dw}{dt}\right)\right)$$
$$= L\left(x, \frac{dx}{dt}\right) + \varepsilon \left[\frac{\partial L}{\partial x} u + \frac{\partial L}{\partial \dot{x}} \left(\dot{u} - \dot{x} \frac{dw}{dt} \right) \right] \qquad (4.13)$$

を代入すると

$$I' - I = \varepsilon \int_{t_0}^{t_1} dt \left[\frac{\partial L}{\partial x} u + \frac{\partial L}{\partial \dot{x}} \left(\dot{u} - \dot{x} \frac{dw}{dt} \right) + \frac{dw}{dt} L \right] \tag{4.14}$$

となる．ここで，ラグランジュの方程式によって

$$\frac{d}{dt}\left(\frac{\partial L}{\partial \dot{x}} u\right) = \left(\frac{\partial L}{\partial x}\right) u + \left(\frac{\partial L}{\partial \dot{x}}\right) \dot{u} \tag{4.15}$$

となること，および

$$\frac{dL}{dt} = \frac{\partial L}{\partial x} \dot{x} + \frac{\partial L}{\partial \dot{x}} \ddot{x} \tag{4.16}$$

を用いると

$$I' - I = \varepsilon \int_{t_0}^{t_1} dt \frac{d}{dt}\left(\frac{\partial L}{\partial \dot{x}} (u(x, t) - w(x, t)\dot{x}) + w(x, t) L \right) \tag{4.17}$$

得られる．そこで，上の変換に対して作用積分が不変ならば，

$$\begin{aligned} N &= \varepsilon\left(\frac{\partial L}{\partial \dot{x}} (u(x, t) - w(x, t)\dot{x}) + w(x, t) L \right) \\ &= \varepsilon\left(\frac{\partial L}{\partial \dot{x}} u(x, t) - w(x, t) H \right) \end{aligned} \tag{4.18}$$

が保存量になることがわかる．この保存量 N はネーターの保存量とよばれる．(4.9) の変換は，$w(x, t) = 0$ とし u を定数とすれば位置をずらす変化に，$u(x, t) = 0$ とし w を定数とすれば時間をずらす変化に対応し，それぞれの場合の保存量 N はこれまでに見てきたように運動量，ハミルトニアンになっている．

以上の議論では座標を $(x, t) \to (x', t')$ と変換したが，座標はそのままで時空における運動 $x(t)$ の変化

$$\left.\begin{aligned} x(t) &\to x'(t) = x(t) + \varepsilon u(x, \dot{x}) \\ \dot{x}(t) &\to \dot{x}'(t) = \dot{x}(t) + \varepsilon \dot{u}(x, \dot{x}) \end{aligned}\right\} \tag{4.19}$$

における作用積分の変分からも，保存量を導くことができる．$x'(t)$ に関する

作用積分を ε について展開すると

$$\int_{t_0}^{t_1} L(x'(t), \dot{x}'(t))\, dt = \int_{t_0}^{t_1} \left[L(x(t), \dot{x}(t)) + \frac{\partial L}{\partial x} \varepsilon u + \frac{\partial L}{\partial \dot{x}} \varepsilon \dot{u} \right] dt$$
$$= \int_{t_0}^{t_1} \left[L(x(t), \dot{x}(t)) + \varepsilon \frac{d}{dt}\left(\frac{\partial L}{\partial \dot{x}} u \right) \right] dt \tag{4.20}$$

と書ける．ここで，もし

$$\int_{t_0}^{t_1} L(x'(t), \dot{x}'(t))\, dt = \int_{t_0}^{t_1} \left(L(x(t), \dot{x}(t)) + \varepsilon \frac{dS}{dt} \right) dt \tag{4.21}$$

と書けたとすると，上の両式を比較して

$$\int_{t_0}^{t_1} \frac{d}{dt}\left[\frac{\partial L}{\partial \dot{x}} u - S \right] dt = 0 \tag{4.22}$$

つまり

$$\frac{\partial L}{\partial \dot{x}} u - S \tag{4.23}$$

が保存量になっていることがわかる．この後半の考え方では運動の変化を与えると S は決まってしまうことに注意しよう．この考え方における時間の並進対称性による保存量は次のようにして導かれる．時間の並進対称性より

$$x(t) \to x(t + \varepsilon) = x(t) + \varepsilon \dot{x} \tag{4.24}$$

つまり，この場合 $u(x, \dot{x}) = \dot{x}$ であり，ラグランジアンの変化は

$$L(t) \to L(t + \varepsilon) = L(t) + \varepsilon \frac{dL}{dt} \tag{4.25}$$

より $S = L$ である．以上から時間の並進対称性による保存量は

$$\frac{\partial L}{\partial \dot{x}} \dot{x} - L = H \tag{4.26}$$

つまり，ハミルトニアンが保存量であることがわかる．

§ 4.3　微小振動の基準モード

調和振動子系のような特殊な系では，系の運動をノーマルモードとよばれる特別の運動形態へ分解することができ，それにともなって運動の積分(§ 2.2)が系の自由度だけ存在する．そのため，系を独立な 1 体問題に分解して取扱うことができる．ここでは多体系の解析で重要な役割をする連成調和振動子の基準モードについて説明しよう．

いま，2 つ質点が図 4.1 のようにバネがつながっている場合を考えよう．この場合，系のハミルトニアンは質点の平衡位置からの変位をそれぞれ x_1, x_2 として

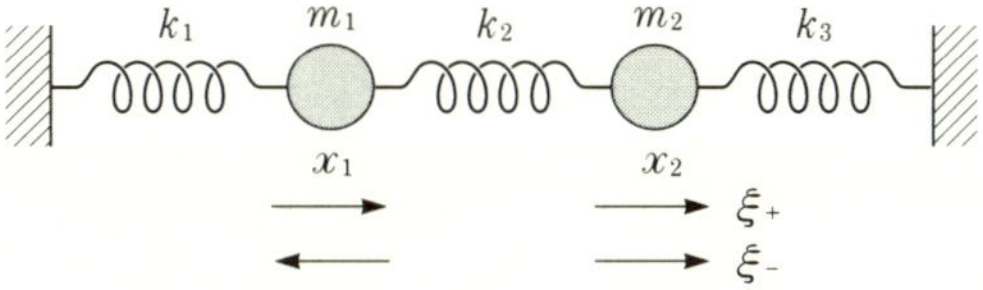

図 4.1　連成振動子と，$k_1 = k_2 = k_3 = k$, $m_1 = m_2 = m$ の場合の基準振動 ($N = 2$)

$$H = \frac{1}{2m_1}p_1{}^2 + \frac{1}{2m_2}p_2{}^2 + \frac{k_1}{2}x_1{}^2 + \frac{k_2}{2}(x_2 - x_1)^2 + \frac{k_3}{2}x_2{}^2 \tag{4.27}$$

となる．このままでは，運動方程式において x_1 と x_2 が絡まり合い，連立方程式

$$\left.\begin{aligned} m_1\ddot{x}_1 &= -k_1 x_1 + k_2(x_2 - x_1) \\ m_2\ddot{x}_2 &= -k_2(x_2 - x_1) - k_3 x_2 \end{aligned}\right\} \tag{4.28}$$

になる．この系の基準振動数を求めるのに，通常は

$$\left.\begin{aligned} x_1 &= A_1 \cos(\omega t + \phi) \\ x_2 &= A_2 \cos(\omega t + \phi) \end{aligned}\right\} \tag{4.29}$$

と置き，A_1, A_2 がゼロでない解（非自明な解）が存在する条件：

$$\begin{aligned} &\begin{vmatrix} m_1\omega^2 - (k_1 + k_2) & k_2 \\ k_2 & m_2\omega^2 - (k_2 + k_3) \end{vmatrix} \\ &\qquad = (m_1\omega^2 - (k_1 + k_2))(m_2\omega^2 - (k_2 + k_3)) - k_2{}^2 \\ &\qquad = 0 \end{aligned} \tag{4.30}$$

の解として2つの基準振動数 $\omega_\pm$ が求まる．この基準振動数を与える運動形態が基準モードである．

いま，$k_1 = k_2 = k_3 = k$，$m_1 = m_2 = m$ とすると

$$\omega_- = \sqrt{\frac{k}{m}}, \qquad \omega_+ = \sqrt{\frac{3k}{m}} \tag{4.31}$$

となる．これらに対する基準モード ξ_1，ξ_2 は，式 (4.30) を与える行列の固有ベクトル：

$$\frac{1}{\sqrt{2}}\begin{pmatrix} 1 \\ 1 \end{pmatrix}, \qquad \frac{1}{\sqrt{2}}\begin{pmatrix} 1 \\ -1 \end{pmatrix} \tag{4.32}$$

より，

$$\xi_+ = \frac{x_1 + x_2}{\sqrt{2}} = A_1' \sin\left(\sqrt{\frac{k}{m}}\, t\right) \tag{4.33}$$

$$\xi_- = \frac{x_1 - x_2}{\sqrt{2}} = A_2' \sin\left(\sqrt{\frac{3k}{m}}\, t\right) \tag{4.34}$$

である．これらのモードは図 4.1 の下に示すように運動をする．

一般に N 個の連成振動子の場合にも上の議論を直接的に拡張して

$$\left.\begin{aligned} m_1\ddot{x}_1 &= -\, k_1 x_1 - k_2(x_1 - x_2) \\ m_2\ddot{x}_2 &= -\, k_2(x_2 - x_1) - k_3(x_2 - x_3) \\ &\;\vdots \\ m_N\ddot{x}_N &= -\, k_N(x_N - x_{N-1}) - k_{N+1}x_N \end{aligned}\right\} \tag{4.35}$$

と置き，A_1，A_2 がゼロでない解（非自明な解）が存在する条件：

$$\begin{vmatrix} m_1\omega^2 - (k_1 + k_2) & k_2 & 0 & \cdots \\ k_2 & m_2\omega^2 - (k_2 + k_3) & k_3 & \cdots \\ \vdots & \vdots & \vdots & k_N \\ \cdots & \cdots & k_N & m_N\omega^2 - (k_N + k_{N+1}) \end{vmatrix} = 0 \tag{4.36}$$

が N 個の基準振動を与える．特にすべての $\{k_i\}$，$\{m_i\}$ が等しいときは波数 q の基準振動を考え

$$x_n = A_n \cos(\omega t + \phi), \qquad A_n{}^q = \sin(qn) \tag{4.37}$$

と置くこと（フーリエ変換）で容易に基準振動が求められる．ただし，ここでは両端（$n = 0$，$n = N + 1$）での境界条件から

$$A_0{}^q = 0, \qquad A_{N+1}{}^q = \sin((N + 1)q) = 0 \tag{4.38}$$

が満たされなくてはならない．$A_0{}^q = 0$ については sin 関数を選ぶことで自動的に満たされるが†，$A_{N+1}{}^q$ については，その条件を満たすように

$$(N + 1)q = m\pi, \qquad m = 1, 2, \cdots, N \tag{4.39}$$

と q の値を選ぶ．式 (4.37) を式 (4.35) に代入すると

$$-m\omega^2 = k(2\cos q - 2) \tag{4.40}$$

つまり，

$$\omega_q = \pm\sqrt{\frac{2k}{m}(1 - \cos q)} \tag{4.41}$$

が基準振動数を与えることがわかる．また，その基準モードの振幅の形は $\sin(nq)$ である．

基準モードをハミルトニアンで考えてみよう．ハミルトニアンの位置のエネルギーが 2 次形式であることに注意し，その標準形を求めよう．

すべての $\{m_i\}$ が等しいとき

$$H = \frac{1}{2m}(p_1, \cdots, p_N)\begin{pmatrix} 1 & 0 & \cdots \\ 0 & 1 & \cdots \\ \vdots & & \vdots \\ 0 & \cdots & 1 \end{pmatrix}\begin{pmatrix} p_1 \\ \vdots \\ p_N \end{pmatrix}$$

$$+ (x_1, \cdots, x_N)\begin{pmatrix} \frac{k_1 + k_2}{2} & \frac{-k_2}{2} & 0 & \cdots \\ \frac{-k_2}{2} & \frac{k_2 + k_3}{2} & \frac{-k_3}{2} & \cdots \\ \vdots & & \vdots & \\ \cdots & & \frac{-k_N}{2} & \frac{k_N + k_{N+1}}{2} \end{pmatrix}\begin{pmatrix} x_1 \\ \vdots \\ x_N \end{pmatrix}$$

† 自由境界条件や周期境界条件の場合，それぞれで適切な sin, cos の組合せを考えなくてはならない．

$$
\begin{aligned}
&= \frac{1}{2m}\,{}^t\boldsymbol{p}\boldsymbol{p} + {}^t\boldsymbol{x}V\boldsymbol{x} \\
&= \frac{1}{2m}\,{}^t\boldsymbol{p}U\,{}^tU\boldsymbol{p} + {}^t\boldsymbol{x}U\,{}^tUVU\,{}^tU\boldsymbol{x} \qquad (4.42)
\end{aligned}
$$

ここで，U は V を対角化する直交行列である．

$$
U = \begin{pmatrix} A_1{}^{q_1} & \cdots & A_1{}^{q_N} \\ \vdots & & \vdots \\ A_N{}^{q_1} & \cdots & A_N{}^{q_N} \end{pmatrix}, \qquad {}^tUVU = D = \begin{pmatrix} \lambda_1 & 0 & \cdots \\ \vdots & & \vdots \\ \cdots & 0 & \lambda_2 \end{pmatrix} \qquad (4.43)
$$

2次形式の標準形

一般に変数 $\{x_i\}$ の 2 次式

$$
f = \sum_{i,j} a_{ij}x_ix_j
$$

は行列の表記を用いて

$$
{}^t\boldsymbol{x}A\boldsymbol{x} = (x_1, \cdots, x_N)\begin{pmatrix} a_{11} & a_{12} & \cdots & a_{1N} \\ \vdots & & & \vdots \\ a_{N1} & a_{N2} & \cdots & a_{NN} \end{pmatrix}\begin{pmatrix} x_1 \\ \vdots \\ x_N \end{pmatrix}
$$

と書くことができる．ここで $a_{ij} = a_{ji}$ ととることができるので行列 A は対称行列にとる．対称行列は，直交行列 $U(U^tU = E)$ によって必ず対角化できる

$$
{}^tUAU = \begin{pmatrix} \lambda_1 & 0 & \cdots \\ 0 & \lambda_2 & \cdots \\ \vdots & & \vdots \\ 0 & \cdots & \lambda_N \end{pmatrix}
$$

ので，新しい変数 $\{\xi_i\}$ を

$$
\begin{pmatrix} \xi_1 \\ \vdots \\ \xi_N \end{pmatrix} = {}^tU\begin{pmatrix} x_1 \\ \vdots \\ x_N \end{pmatrix}
$$

つまり，$\xi_i = \sum_j U_{ji}x_j$ によって導入すると

$$
f = \sum_i \lambda_i\xi_i{}^2
$$

の形に表すことができる．この形を 2 次形式の標準形という．

新しい変数として

$$\boldsymbol{X} = {}^t U \boldsymbol{x}, \qquad \boldsymbol{P} = {}^t U \boldsymbol{p} \tag{4.44}$$

をとると，$1/2m$ を対角成分にもつ行列を $\widetilde{M}$ として

$$\begin{aligned} H &= {}^t\boldsymbol{P}\widetilde{M}\boldsymbol{P} + {}^t\boldsymbol{X}D\boldsymbol{X} \\ &= \sum_{n=1}^{N}\left(\frac{P_n{}^2}{2m} + \lambda_n X_n{}^2\right) \end{aligned} \tag{4.45}$$

と独立な N 個の正準変数の組 $\{X_n, P_n\}$ の系の和に表される．すべての $\{k_n\}$ が等しい場合，X_n は具体的に $q_n = n\pi/(N+1)$ として

$$\left.\begin{aligned} X_n &= \sqrt{\frac{2}{N+1}}\sum_{j=1}^{N}\sin(q_n j)\,x_j \\ P_n &= m\sqrt{\frac{2}{N+1}}\sum_{j=1}^{N}\sin(q_n j)\,\dot{x}_j \end{aligned}\right\} \tag{4.46}$$

$$H = \sum_{n=1}^{N}\left\{\frac{1}{2m}P_n{}^2 + k(1-\cos q_n)X_n{}^2\right\} \tag{4.47}$$

となる．

ここでの例から明らかなように，任意の調和振動子系は独立な N 個の正準変数の組に分けられ，N 個の積分をもつ．このような特殊な場合，系は**可積分系**とよばれる．さらに，調和振動子系の場合のように，変数自身が独立な変数に変数分離できる場合は**可分離系**とよばれる．†

すべての質点の質量が等しくない場合，相互作用項を対角化する U で運動エネルギーの項が対角化されないため，まず運動エネルギーの項を単位行列に変換：

$$x_n \to \frac{x_n{}'}{\sqrt{m_n}}, \qquad p_n \to p_n{}' \times \sqrt{m_n} \tag{4.48}$$

してから，上と同じ操作をすればよい．

† 可積分な系として調和振動子のほかに，戸田格子とよばれる系がある．

$$H = \sum_{n}^{N}\frac{p_n{}^2}{2m} + \exp(x_n - x_{n+1}), \qquad x_{N+1} = x_1$$

ただし，この系は可分離系ではない．

§4.4　ハミルトン－ヤコビの偏微分方程式

母関数による変換（3.42）において，特に

$$H' = 0 \tag{4.49}$$

となるように W を選ぶことを考えよう．このとき

$$\frac{\partial W(\{x_i\}, \{P_i\}, t)}{\partial t} + H(\{x_i\}, \{p_i\}, t) = 0 \tag{4.50}$$

ここで

$$p_i = \frac{\partial W}{\partial x_i}$$

である．ここで H の中の p_i を上の第 2 式で置き換えると

$$\frac{\partial W}{\partial t} + H\left(\{x_i\}, \left\{\frac{\partial W}{\partial x_i}\right\}, t\right) = 0 \tag{4.51}$$

が得られる．この式は $\{x_i\}$ と t を独立変数とする W に関する偏微分方程式とみることができ，ハミルトン－ヤコビの偏微分方程式とよばれる．このときの W は**ハミルトンの主関数**とよばれる．ここで，P_i は偏微分方程式の積分定数とみることができる．P_i の個数は f 個であり，もう 1 つ $W + a$ の形で許される定数があるので，全部で定数は $f + 1$ である．これは独立変数の個数と一致している．そこで，P_i をある定数 α_i とした $W(x_i, \alpha_i, t) + \alpha_{f+1}$ は偏微分方程式の完全解とみることができる．ここで変換されたハミルトニアン H' が 0 であるので

$$\frac{dX_i}{dt} = \frac{\partial H'}{\partial P_i} = 0 \tag{4.52}$$

であり P_i に共役な X_i も定数となる：

$$X_i = \beta_i \tag{4.53}$$

これらの定数 α_i，β_i は**正準定数**とよばれる．この完全積分を求めることは，もとの運動方程式を解くのと一般には等価であり，ここで議論した形式は問

題の書き換えにすぎない．しかし，変数が分離しているときなどの場合，いまのような形で問題を整理しておくことで，議論の見通しがよくなることがある．

この完全積分 W が求められれば，

$$\left.\begin{aligned} p_i &= \frac{\partial W(x_i, \alpha_i, t)}{\partial x_i} \\ \beta_i &= \frac{\partial W(x_i, \alpha_i, t)}{\partial \alpha_i} \end{aligned}\right\} \tag{4.54}$$

を解くことにより，

$$\left.\begin{aligned} x_i &= x_i(\alpha_i, \beta_i, t) \\ p_i &= p_i(\alpha_i, \beta_i, t) \end{aligned}\right\} \tag{4.55}$$

が決定できる．

特に，H が時間に陽に依存しない場合

$$W = -Et + S(x) \tag{4.56}$$

と置くと，(4.51) は

$$\boxed{H\left(\{x_i\}, \left\{\frac{\partial S}{\partial x_i}\right\}\right) = E} \tag{4.57}$$

の形に書ける．ここで $S(x)$ は $\{x_i\}$ の関数である．この方程式もハミルトン-ヤコビの方程式とよばれる．これはハミルトニアンがエネルギー E であるとした式にほかならない．ここで

$$p_i = \frac{\partial S(x)}{\partial x_i} \tag{4.58}$$

を

$$m\boldsymbol{v} = \nabla S \tag{4.59}$$

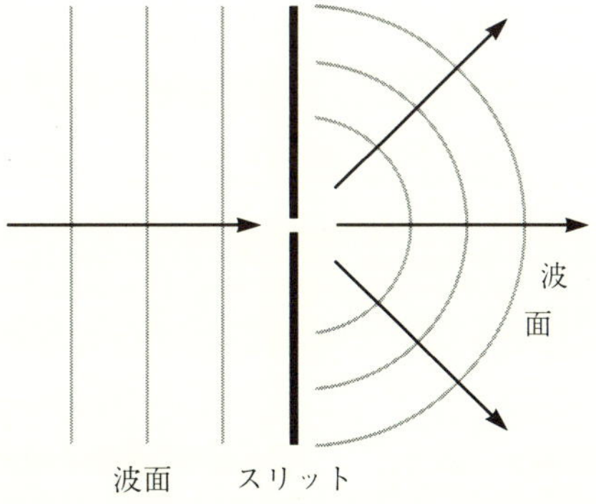

図4.2　位相 ϕ と光線：$S(x)$ 一定の面(波面)と運動量もこれと同様の関係になっている．

とみると運動方向 $\boldsymbol{v}$ は S が一定の曲線に垂直な方向となる．このことから S が一定の面は何らかの波面に相当する（図 4.2）．幾何光学での光線の方向 $\boldsymbol{k}$ は波動光学の位相 $\phi(\boldsymbol{r})$ と

$$\boldsymbol{k} = \nabla\phi(\boldsymbol{r}) \tag{4.60}$$

の関係をもち，上の式 (4.59) とよく似た関係にある（アイコナール近似）．実際ハミルトン－ヤコビの方程式はこの類似性から導入されたのである．式 (4.51) あるいは (4.57) はシュレーディンガー方程式にも似ており，量子力学の波動方程式の導入にも重要な役割を果たしている．

例題 4.1

自由粒子

$$H = \frac{1}{2m}\boldsymbol{p}^2 \tag{4.61}$$

の運動をハミルトン－ヤコビの偏微分方程式を用いて求めよ．

［**解**］(4.51) は

$$\frac{1}{2m}(\nabla W)^2 + \frac{\partial W}{\partial t} = 0 \tag{4.62}$$

となる．この方程式の解は

$$W(\boldsymbol{r}, t) = \alpha_1 x_1 + \cdots + \alpha_n x_n + \alpha_0 t \tag{4.63}$$

の形で与えられる．(4.62) を満たすために $\{\alpha_i\}$ の間には関係

$$\alpha_1{}^2 + \cdots + \alpha_n{}^2 = -2m\alpha_0 \tag{4.64}$$

が必要である．これより

$$W(\boldsymbol{r}, t) = \alpha_1 x_1 + \cdots + \alpha_n x_n - \frac{1}{2m}(\alpha_1{}^2 + \cdots + \alpha_n{}^2)t \tag{4.65}$$

となる．これより

$$p_i = \frac{\partial W}{\partial x_i} = \alpha_i \tag{4.66}$$

つまり，運動量一定であり，また

$$\beta_i = \frac{\partial W}{\partial \alpha_i} = x_i - \frac{\alpha_i}{m}t \tag{4.67}$$

から

$$x_i = \beta_i + \frac{\alpha_i}{m} t \tag{4.68}$$

が得られる．

§4.5　作用変数と断熱定理

特に，周期運動において，運動量をその1周期にわたって積分した量

$$J = \oint p_i \, dx_i \tag{4.69}$$

は作用変数とよばれる．この量は定義より明らかなように周期運動でのみ定義され，時間によらない．さらに，この量は系のハミルトニアンに含まれるパラメターを非常にゆっくり変化させた場合に，不変に留まることが知られている．たとえば，箱に閉じ込められた粒子の運動において，箱の大きさをゆっくり変化させた場合を考えよう．

例題 4.2

$-L < x < L$ に閉じ込められている自由粒子 $\left(H = \frac{1}{2m} p^2\right)$ のエネルギーを E として作用積分を求めよ．また，右側の壁をゆっくり動かし壁の間隔を縮めていくとき，作用積分が不変であることを示せ．

［**解**］ いまの場合 J は

$$J = \oint p \, dx = \oint \sqrt{2mE} \, dx = 4 \sqrt{2mE} \, L \tag{4.70}$$

と与えられる．

壁が動いているとき：壁の速さを

$$V_0 \ll v = \sqrt{\frac{2E}{m}} \tag{4.71}$$

とする．このとき

$$J = \int_{-L}^{L-V_0T} dx \sqrt{2mE} - \int_{L-V_0T}^{-L} dx \sqrt{2mE'} \tag{4.72}$$

ここで E' は右の壁ではね返ったときの運動量は

$$E' = \frac{m}{2}(v + 2V_0)^2 \cong E + 2\sqrt{2mE}\ V_0 \tag{4.73}$$

と表されるので，J の変化は

$$\begin{aligned} J &\cong (2L - V_0 T)\{\sqrt{2mE} + \sqrt{2m(E + 2\sqrt{2mE}\ V_0)}\} \\ &\cong (2L - V_0 T)(2\sqrt{2mE} + 2mV_0) \\ &= 4L\sqrt{2mE} + O(V_0^2) \end{aligned} \tag{4.74}$$

となり V_0 の1次のオーダーで変化しない．

また，振り子の長さをゆっくり変化させた場合にも，振り子のエネルギー E と振動数 ν は連動して変るが

$$J = \frac{E}{\nu} = \text{エネルギー } E \text{ のトラジェクトリーが囲む面積} \tag{4.75}$$

が一定に保たれる．[†] ここで ν は振動数 $\nu = 1/T$ である．このように J を一定に保つ変化を**断熱変化**という．

ここで J を一般化運動量とみなすような正準変換を考えよう．母関数を (3.42) で P として J をとり，

$$W = W(\{x_i\}, \{J_i\}) \tag{4.76}$$

とする．ここで J_i に共役な変数 ω_i は

$$\omega_i = \frac{\partial W}{\partial J_i} \tag{4.77}$$

で与えられる．J_i は時間によらないため

$$\frac{dJ}{dt} = -\frac{\partial H}{\partial \omega_i} = 0 \tag{4.78}$$

となる．これよりハミルトニアンは $\{J_i\}$ だけの関数となり，ω_i の時間微分

$$\frac{\partial \omega_i}{\partial t} = \frac{\partial H(J_1, J_2, \cdots)}{\partial J_i} \tag{4.79}$$

† くわしい説明は参考文献（朝永振一郎：「量子力学 I」（みすず書房））参照

も $\{J_i\}$ だけの関数となり，時間によらない定数となる．これから ω_i は時間に比例して増加することがわかる．つまり，

$$\omega_i = \nu_i(t+\beta) \tag{4.80}$$

の形となる．周期運動の周期を T とすると

$$2\pi = \nu_i T \tag{4.81}$$

でなくてはならないので，一般に

$$\frac{\partial H}{\partial J_i} = \frac{2\pi}{T} \tag{4.82}$$

であることがわかる．一般に J は角運動量の次元をもち，この ω_i はそれに対応する角度の役割をしている．この $\{\omega_i\}$ は**角変数**とよばれる．

§4.6　正準変換の不変量

正準変換によって不変に保たれる幾つかの量がある．これらは**正準不変量**とよばれる．

4.6.1　リウビル（Liouville）の定理

正準変換の重要な性質の一つに，変換によって対応する位相空間の体積が不変に保たれるという性質がある．一般に $2f$ 次元の体積要素が変換によって不変であること

$$\int\cdots\int dx_1,\cdots,dx_f\,dp_1,\cdots,dp_f = \int\cdots\int dX_1,\cdots,dX_f\,dP_1,\cdots,dP_f \tag{4.83}$$

を示そう．まず，ヤコビアン

$$\frac{\partial(X,P)}{\partial(x,p)} = \begin{vmatrix} \dfrac{\partial X_1}{\partial x_1} & \cdots & \dfrac{\partial P_f}{\partial x_1} \\ \vdots & \vdots & \vdots \\ \dfrac{\partial X_1}{\partial p_f} & \cdots & \dfrac{\partial P_f}{\partial p_f} \end{vmatrix} \tag{4.84}$$

を用いると，右辺は

$$\int\cdots\int dX_1, dX_2, \cdots, dP_1, dP_2, \cdots, dP_f$$

$$= \int\cdots\int \frac{\partial(X, P)}{\partial(x, p)} dx_1, dx_2, \cdots, dp_1, dp_2, \cdots, dp_f \qquad (4.85)$$

となる．このとき変換 $(x, p) \to (X, P)$ のヤコビアンは，合成された変換に対するヤコビアンの性質

$$\frac{\partial(X, P)}{\partial(x, p)} = \frac{\partial(X, P)}{\partial(x, P)} \Big/ \frac{\partial(x, p)}{\partial(x, P)} \qquad (4.86)$$

で表される．ここで，$\frac{\partial(X, P)}{\partial(x, P)}$ は X と x の間の変換に関するヤコビアンであり，$\frac{\partial(x, p)}{\partial(x, P)}$ は P と p の間の変換に関するヤコビアンである．これらのヤコビアンの成分はそれぞれ $\frac{\partial X_j}{\partial x_i}$ と $\frac{\partial p_i}{\partial P_i}$ で表される．ここで，(3.42) の第 2 式と第 1 式を順次用いることにより

$$\frac{\partial X_j}{\partial x_i} = \frac{\partial}{\partial x_i}\left(\frac{\partial W}{\partial P_j}\right) = \frac{\partial^2 W}{\partial x_i\,\partial P_j} = \frac{\partial^2 W}{\partial P_j\,\partial x_i} = \frac{\partial}{\partial P_j}\left(\frac{\partial W}{\partial x_i}\right) = \frac{\partial p_i}{\partial P_j} \qquad (4.87)$$

の関係が導かれる．転置行列の行列式はもとの行列式に等しいことから

$$\frac{\partial(X, P)}{\partial(x, P)} = \frac{\partial(x, p)}{\partial(x, P)} \qquad (4.88)$$

であることがわかる．これより

$$\frac{\partial(X, P)}{\partial(x, p)} = 1 \qquad (4.89)$$

であることがわかる．また，(4.88) のヤコビアンはそれぞれ 1 であることからも (4.89) は直接導ける．位相空間の微小体積が正準変換後も変らないことが示された．このことから (4.85) を通じて (4.83) が導かれる．つまり，一般に位相空間の体積は正準変換で不変であることがわかる．

このように任意の正準変換に対して位相空間の体積は不変であるが，特に正準変換として時間発展を用いた場合，位相空間の体積が時間発展に際して不変であることがわかる．この性質は**リウビル**(Liouville)**の定理**とよばれる．

4.6.2　正準不変な括弧式

さらに，位相空間における任意の2次元表面領域についての面積分

$$J = \iint \sum_i dx_i\, dp_i \tag{4.90}$$

も正準変換に対する不変量である．この量は**絶対積分不変量**とよばれる．この関係は次のように与えられる．考えている2次元面を表す2つの変数として (u, v) を考えよう．これによって $2f$ 個の変数は

$$\left.\begin{aligned} x_i &= x_i(u, v) \\ p_i &= p_i(u, v) \end{aligned}\right\} \tag{4.91}$$

と表され，$dx_i\, dp_i$ はヤコビアンを用いて

$$dx_i\, dp_i = \begin{vmatrix} \dfrac{\partial x_i}{\partial u} & \dfrac{\partial p_i}{\partial u} \\ \dfrac{\partial x_i}{\partial v} & \dfrac{\partial p_i}{\partial v} \end{vmatrix} du\, dv \tag{4.92}$$

となる．ここで，母関数 $W(x, P)$ を考えると

$$p_i = \frac{\partial W}{\partial x_i}, \qquad X_i = \frac{\partial W}{\partial P_i} \tag{4.93}$$

であるから，この母関数を用いると

$$dp_i = \sum_j \left(\frac{\partial^2 W}{\partial x_i\, \partial x_j} dx_j + \frac{\partial^2 W}{\partial x_i\, \partial P_j} dP_j \right) \tag{4.94}$$

$$dX_i = \sum_j \left(\frac{\partial^2 W}{\partial P_i\, \partial x_j} dx_j + \frac{\partial^2 W}{\partial P_i\, \partial P_j} dP_j \right) \tag{4.95}$$

と表される．これを式 (4.92) に代入し，i について和をとると

$$\sum_i dx_i\, dp_i = \sum_i \begin{vmatrix} \dfrac{\partial x_i}{\partial u} & \dfrac{\partial p_i}{\partial u} \\ \dfrac{\partial x_i}{\partial v} & \dfrac{\partial p_i}{\partial v} \end{vmatrix} du\, dv$$

$$= \sum_i \begin{vmatrix} \dfrac{\partial x_i}{\partial u} & \displaystyle\sum_j \left(\frac{\partial^2 W}{\partial x_i\, \partial x_j} \frac{\partial x_j}{\partial u} + \frac{\partial^2 W}{\partial x_i\, \partial P_j} \frac{\partial P_j}{\partial u} \right) \\ \dfrac{\partial x_i}{\partial v} & \displaystyle\sum_j \left(\frac{\partial^2 W}{\partial x_i\, \partial x_j} \frac{\partial x_j}{\partial v} + \frac{\partial^2 W}{\partial x_i\, \partial P_j} \frac{\partial P_j}{\partial v} \right) \end{vmatrix} du\, dv$$

$$= \sum_{i,j} \frac{\partial^2 W}{\partial x_i \, \partial x_j} \begin{vmatrix} \dfrac{\partial x_i}{\partial u} & \dfrac{\partial x_j}{\partial u} \\ \dfrac{\partial x_i}{\partial v} & \dfrac{\partial x_j}{\partial v} \end{vmatrix} du \, dv + \sum_{i,j} \frac{\partial^2 W}{\partial x_i \, \partial P_j} \begin{vmatrix} \dfrac{\partial x_i}{\partial u} & \dfrac{\partial P_j}{\partial u} \\ \dfrac{\partial x_i}{\partial v} & \dfrac{\partial P_j}{\partial v} \end{vmatrix} du \, dv \tag{4.96}$$

となる．右辺第1項の最初の行列式は i，j の入れ換えに対する性質を使うと0となる．これより

$$\sum_i \begin{vmatrix} \dfrac{\partial x_i}{\partial u} & \dfrac{\partial p_i}{\partial u} \\ \dfrac{\partial x_i}{\partial v} & \dfrac{\partial p_i}{\partial v} \end{vmatrix} = \sum_{i,j} \frac{\partial^2 W}{\partial x_i \, \partial P_j} \begin{vmatrix} \dfrac{\partial x_i}{\partial u} & \dfrac{\partial P_j}{\partial u} \\ \dfrac{\partial x_i}{\partial v} & \dfrac{\partial P_j}{\partial v} \end{vmatrix} \tag{4.97}$$

が得られる．同様な変換を $\sum_i dX_i \, dP_i$ についても行うと

$$\sum_i dX_i \, dP_i = \sum_i \begin{vmatrix} \dfrac{\partial X_i}{\partial u} & \dfrac{\partial P_i}{\partial u} \\ \dfrac{\partial X_i}{\partial v} & \dfrac{\partial P_i}{\partial v} \end{vmatrix} du \, dv = \sum_{i,j} \frac{\partial^2 W}{\partial x_i \, \partial P_j} \begin{vmatrix} \dfrac{\partial x_i}{\partial u} & \dfrac{\partial P_j}{\partial u} \\ \dfrac{\partial x_i}{\partial v} & \dfrac{\partial P_j}{\partial v} \end{vmatrix} du \, dv \tag{4.98}$$

となる．つまり，式 (4.96) の右辺と一致する．これから

$$\sum_i \begin{vmatrix} \dfrac{\partial x_i}{\partial u} & \dfrac{\partial p_i}{\partial u} \\ \dfrac{\partial x_i}{\partial v} & \dfrac{\partial p_i}{\partial v} \end{vmatrix} = \sum_i \begin{vmatrix} \dfrac{\partial X_i}{\partial u} & \dfrac{\partial P_i}{\partial u} \\ \dfrac{\partial X_i}{\partial v} & \dfrac{\partial P_i}{\partial v} \end{vmatrix} \tag{4.99}$$

であるので，(4.90) で与えられる J が正準変数のとり方によらないことが証明された．また，(4.99) は

$$\sum_i \begin{vmatrix} \dfrac{\partial x_i}{\partial u} & \dfrac{\partial p_i}{\partial u} \\ \dfrac{\partial x_i}{\partial v} & \dfrac{\partial p_i}{\partial v} \end{vmatrix} \tag{4.100}$$

が正準変数のとり方によらないこと，つまり正準変換に対する不変量であること，を意味している．この量は

$$(u, v) = \sum_i \left(\frac{\partial x_i}{\partial u} \frac{\partial p_i}{\partial v} - \frac{\partial p_i}{\partial u} \frac{\partial x_i}{\partial v} \right) \tag{4.101}$$

と書かれ，**ラグランジュの括弧式**とよばれる．

u，v に p_i，x_i 自身をとれば

$$(x_i, x_j) = 0, \quad (p_i, p_j) = 0, \quad (x_i, p_j) = \delta_{ij} \tag{4.102}$$

の関係が成り立つ．また，u，v に任意の正準変数をとれば

$$(X_i, X_j) = 0, \quad (P_i, P_j) = 0, \quad (X_i, P_j) = \delta_{ij} \tag{4.103}$$

である．逆に，上の関係を満たす P_i, X_i の組は p_i, x_i から正準変換で導かれる正準変数である．

もう1つの重要な括弧式に**ポアソンの括弧式**とよばれるものがある．

$$[u, v] = \sum_i \left(\frac{\partial u}{\partial x_i} \frac{\partial v}{\partial p_i} - \frac{\partial u}{\partial p_i} \frac{\partial v}{\partial x_i} \right) \tag{4.104}$$

u, v として正準変数自身をとれば

$$[x_i, x_j] = 0, \quad [p_i, p_j] = 0, \quad [x_i, p_j] = \delta_{ij} \tag{4.105}$$

となっている．このポアソンの括弧式も以下で述べるように正準変換での不変量であり，また，任意の正準変数をとれば

$$[X_i, X_j] = 0, \quad [P_i, P_j] = 0, \quad [X_i, P_j] = \delta_{ij} \tag{4.106}$$

である．逆に，上の関係を満たす P_i，X_i の組は p_i, x_i から正準変換で導かれる正準変数である．

上では $2f$ 個の変数 $\{x_i, p_i\}$ の関数として u，v を考えたが，$2f$ 個の独立な関数 $u_1, \cdots, u_{2f}$ を考えると，$\{u_i\}$ のなかの任意の2つの関数に関して，ポアソンの括弧式とラグランジュの括弧式が作れる．これらの間には

$$\sum_i [u_i, u_j](u_i, u_k) = \delta_{jk} \tag{4.107}$$

の関係があることがわかる(演習問題[3])．このことから $[u_i, u_j]$ は (u_i, u_j) を i，j 成分とする行列の逆行列の j，i 成分で表されることがわかる．ラグランジュの括弧式は正準不変であるので，ポアソンの括弧式も正準不変である

ことがわかる．ラグランジュの括弧式あるいはポアソンの括弧式が不変であるということは正準変換が**シンプレクティック変換**であることの一つの表現である（付録 A.3）．

ここで，ポアソンの括弧式と正準変換の関係を調べておこう．

$$X_i = x_i + \delta x_i, \qquad P_i = p_i + \delta p_i \tag{4.108}$$

としたときのある関数 $F(x, p)$ の変化を調べると

$$F(X, P) - F(x, p) = \sum_i \left(\frac{\partial F}{\partial x_i} \delta x_i + \frac{\partial F}{\partial p_i} \delta p_i \right)$$

である．ここで上の変換の母関数 W を $-pX + \varepsilon G$ とすると

$$\delta x_i = \frac{\partial G}{\partial p_i} \varepsilon, \qquad \delta p_i = -\frac{\partial G}{\partial x_i} \varepsilon \tag{4.109}$$

であるので

$$F(X, P) - F(x, p) = \varepsilon [F, G] \tag{4.110}$$

と書ける．

任意の量 $A(p, x, t)$ の時間微分

$$\frac{dA}{dt} = \sum_i \left(\frac{\partial A}{\partial x_i} \frac{dx_i}{dt} + \frac{\partial A}{\partial p_i} \frac{dp_i}{dt} \right) + \frac{\partial A}{\partial t} \tag{4.111}$$

を正準方程式を使って書き直すと

$$\frac{dA}{dt} = \sum_i \left(\frac{\partial A}{\partial x_i} \frac{\partial H}{\partial p_i} - \frac{\partial A}{\partial p_i} \frac{\partial H}{\partial x_i} \right) + \frac{\partial A}{\partial t} \tag{4.112}$$

となり，ポアソンの括弧式が現れる．

$$\frac{dA}{dt} = [A, H] + \frac{\partial A}{\partial t} \tag{4.113}$$

A が陽に時間を含まないとき，

$$\frac{dA}{dt} = [A, H] \tag{4.114}$$

である．量子力学においては，これと同じ形の式が演算子に対して成り立ち，この重要な役割をする．

演 習 問 題

［**1**］ 調和振動子

$$H = \frac{p^2}{2m} + \frac{k}{2}x^2 \tag{4.115}$$

の運動をハミルトン－ヤコビの偏微分方程式を用いて求めよ．

［**2**］ モーペルチュイの原理を作用積分を用いて説明せよ．

［**3**］ 式 (4.107) を証明せよ．

［**4**］ 角運動量

$$\left.\begin{aligned} L_x &= yp_z - zp_y \\ L_y &= zp_x - xp_z \\ L_z &= xp_y - yp_x \end{aligned}\right\} \tag{4.116}$$

のポアソンの括弧式を求めよ．

［**5**］ 単振動の作用変数 $J = \oint p\, dx$ が第 3 章の演習問題[4]で考えた $2\pi P$ に等しいことを示せ．また，単振動の角振動数 ω をゆっくり変化させたときの系のエネルギーはどのように変化するか．

［**6**］ ケプラー問題 $H = \frac{p^2}{2m} - \frac{a}{r} = -E\ (E > 0)$ において

$$\boldsymbol{A} = \boldsymbol{L} \times \boldsymbol{p} + ma\frac{\boldsymbol{r}}{r} \tag{4.117}$$

が一定であることを示せ．また，Pauli - Lenz ベクトルとよばれる

$$\boldsymbol{R} = \frac{\boldsymbol{A}}{\sqrt{2mE}} \tag{4.118}$$

において

$$[R_x, R_y] = L_z \tag{4.119}$$

であることを示せ．

5 物理学における解析力学

解析力学によって導入された考え方，特に，ハミルトニアン，ラグランジアン，“状態”などは，その後の物理学の発展において非常に重要な役割を果たしている．これらの考え方がどのように活かされているかを中心に，統計力学，量子力学，相対論，電磁気学，確率論における解析力学の考え方の役割を指摘する．

§5.1 状態と位相空間

ハミルトンの運動方程式では，一般化された座標とそれに共役な運動量 $(\boldsymbol{r}, \boldsymbol{p})$ を用いて，運動方程式を連立の1階微分方程式に表した(§3.1)．運動が1階の微分方程式で表されるということは，各瞬間の $(\boldsymbol{r}, \boldsymbol{p})$ の値がわかれば，その後の運動がわかるということである．それに対し，もし座標 $\boldsymbol{r}$ だけを考えると運動方程式はもとの2階の微分方程式（ニュートンの方程式）になり，運動を決定するには，その位置にどのように来たのかを与える情報，つまり，速度

$$\boldsymbol{v} = \dot{\boldsymbol{r}} \tag{5.1}$$

が必要になる．このことは位置 $\boldsymbol{r}$ だけでは系の状態を記述するのに不十分であることを示している．つまり，系の状態を記述するには

$$(\boldsymbol{r}, \dot{\boldsymbol{r}}) \tag{5.2}$$

が必要であることがわかる．ラグランジュ形式ではこの組で状態を指定した．

それに対し，ハミルトン形式では $\dot{\boldsymbol{r}}$ の代りに運動量 $\boldsymbol{p}$ を導入し $(\boldsymbol{r}, \boldsymbol{p})$ によって状態を指定している．この意味で

点 $(\boldsymbol{r}, \boldsymbol{p})$ は系の一つの**状態**

に対応しており，状態点とよばれる．この状態点の集合である空間 $\{\boldsymbol{r}, \boldsymbol{p}\}$ を位相空間，または状態空間とよぶ．†

物理学は一般的に，系の状態を把握し，その状態の時間変化や，確率分布などを記述する学問であり，この位相空間という考え方は非常に重要な役割をする．

例として1次元調和振動子

$$H = \frac{1}{2m}p^2 + \frac{k}{2}x^2 \tag{5.3}$$

の運動を位相空間の上で考えてみよう．

初期条件として $t = 0$ で

$$x = x_0, \qquad p = 0 \tag{5.4}$$

とすると，状態点 $(x(t), p(t))$ は

$$x(t) = x_0 \cos(\omega t), \qquad \omega = \sqrt{\frac{k}{m}} \tag{5.5}$$

$$p(t) = -m\omega x_0 \sin(\omega t) \tag{5.6}$$

で与えられる運動をする．この状態点の運動は

$$E = \frac{1}{2m}p^2 + \frac{k}{2}x^2 \tag{5.7}$$

で与えられる位相空間の等エネルギー線上を運動する．このように運動を位相空間で表した軌跡がトラジェクトリー（図3.1）である．一般に少し複雑なポテンシャルエネルギーのもとでは，実際には運動方程式はなかなか解けな

---

† この位相空間というよび方は phase space の訳で，数学で“位相”が定義されている集合の意味で用いられる位相空間（こちらは topological space の訳）とは関係ない．訳語の偶然の一致である．

いが，運動方程式を解かなくても，トラジェクトリーから運動の様子は大体把握できる．

その位相空間上の速度は式 (3.7)

$$\dot{x} = \frac{\partial H}{\partial p}, \qquad \dot{p} = -\frac{\partial H}{\partial x} \tag{5.8}$$

より

$$v = \sqrt{\dot{x}^2 + \dot{p}^2} = \sqrt{\left(\frac{\partial H}{\partial p}\right)^2 + \left(\frac{\partial H}{\partial x}\right)^2} \tag{5.9}$$

と表されるので，状態点の速さ v は等エネルギー線の間隔が狭いところ（つまり，x, p 空間で，H の変化が大きいところ）で速く，広いところでゆっくりであることがわかる．

振り子のトラジェクトリーを調べてみよう．質量の無視できる長さ l の棒の先につけた質量 m の質点が重力下で運動している場合のハミルトニアンは次のようにして求められる．まず，ラグランジアンを極座標で求める．図 1.3 で回転の中心を原点にとり，その点より上方にも回転できるとする．

$$\left.\begin{aligned} x &= l \sin\phi \\ y &= -l\cos\phi \end{aligned}\right\} \tag{5.10}$$

より

$$\left.\begin{aligned} \dot{x} &= l\dot{\phi}\cos\phi \\ \dot{y} &= l\dot{\phi}\sin\phi \end{aligned}\right\} \tag{5.11}$$

である．このとき

$$T = \frac{m}{2}(l\dot{\phi})^2, \qquad U = -mgl\cos\phi \tag{5.12}$$

である．これらによりラグランジアンは，

$$L = \frac{ml^2}{2}(\dot{\phi})^2 + mgl\cos\phi \tag{5.13}$$

である．ϕ に共役な運動量は

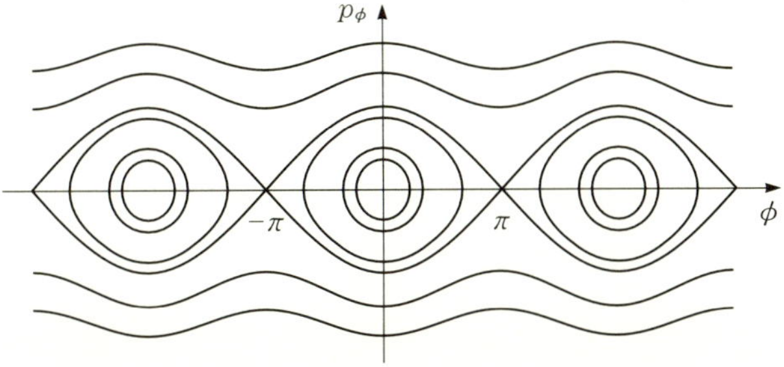

図 5.1　振り子の位相空間における等エネルギー線（トラジェクトリー）

$$p_\phi = \frac{\partial L}{\partial \dot{\phi}} = ml^2\dot{\phi} \tag{5.14}$$

であるので，ハミルトニアンは

$$H = \frac{1}{2ml^2}{p_\phi}^2 - mgl\cos\phi \tag{5.15}$$

となる．この系の等エネルギー線を図 5.1 に示す．ここで，楕円的な軌跡は通常の振り子の運動を表し，波状の軌跡は振り子の回転を表している．また，周期的な構造は ϕ の周期性 $[-\pi, \pi]$ を反映している．

運動の自由度が増えると位相空間の次元が増える．3 次元空間の質点では 6 次元，一般に N 個の質点からなる系では $6N$ 次元である．

一般に多次元での位相空間上の運動は複雑なものになり，運動を $\boldsymbol{r}(t)$ の形で求めることはむずかしい．3 体問題でさえ一般的には積分できないことが示されている．そして，多くの場合，初期条件での微小な違いが，時間発展とともに指数的に増大するいわゆる**カオス**の性質が最近盛んに研究されている．

§5.2　統計力学と解析力学

多体系の統計的な性質を議論する統計力学はこの位相空間をうまく利用

し，個々の運動が具体的に解けない場合にも，有用な情報を引き出している．統計力学では，**熱平衡状態**なる状態を状態の集合としてとらえ，位相空間の各状態に熱平衡状態での出現確率を定義する．物理量の熱平衡状態での期待値は各状態での値をその確率で平均することで与えられる．そこでの最も重要な前提は**等重率の原理**である．これは

同じエネルギーをもつ位相空間のすべての状態は等確率で現れる

とする原理である．ただし，状態が連続空間をなしている場合にはそこに確率の密度を導入する必要がある．確率平均と時間平均が一致させるように確率の密度が決められている．確率分布による期待値が通常の時間平均と同じ値をもつためには，この密度は同一時間で通過するトラジェクトリーの長さごとに一定であるべきである．そのためには，ここでトラジェクトリー上での確率の密度を

$$P(s)\,ds \propto \frac{ds}{v} \tag{5.16}$$

とすればよい．ここで ds は位相空間での運動方向の線素

$$ds = \sqrt{(dx)^2 + (dp)^2} \tag{5.17}$$

また v はそこでの状態点の速さ（5.9）である．たとえば，エネルギー E と $E + \Delta E$ をもつ調和振動子のトラジェクトリーを時間的に 20 分割した様子を図 5.2 に示す．各区分に粒子を発見する確率を一定と考えるのである．

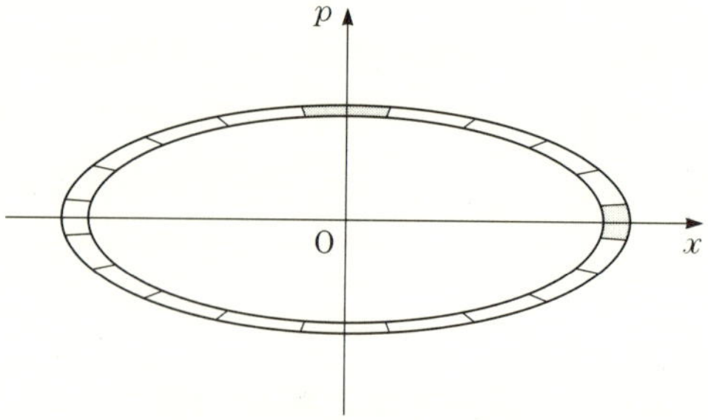

図 5.2　調和振動子の等エネルギー線の等確率分割

この分割は等エネルギー面付近の位相空間を体積が一定になるように分割したものと見ることもできる．つまり，ここで，エネルギーが E の等

エネルギー面とエネルギーが $E + \delta E$ の等エネルギー面† との距離を $ds_{\perp}$ と書くと

$$\delta E = ds_{\perp}\sqrt{\left(\frac{\partial H}{\partial p}\right)^2 + \left(\frac{\partial H}{\partial x}\right)^2} \tag{5.18}$$

であるので，確率密度（5.16）は（5.9）を用いて

$$P(s)\,ds \propto \frac{ds}{v} = ds \times \frac{ds_{\perp}}{\delta E} = \frac{\text{位相空間の体積}}{\delta E}$$
$$\propto \text{位相空間の体積} \tag{5.19}$$

と表される．ここで δs は等エネルギー面上の面積であり，$\delta s_{\perp}$ は等エネルギー面間の距離であるので，$\delta s \times \delta s_{\perp}$ が位相空間での微小体積を表している．つまり，図 5.2 で各区分の間の面積が等しい．このことから等エネルギー面上での面積ではなく，等エネルギー面近傍の位相空間の体積が確率密度に比例するということができる．

4.6.1 節のリウビルの定理により時間発展において位相空間での体積は不変であるので，統計力学的重率は正準不変量である．逆に，位相空間での統計力学的重率（確率密度）が時間発展によって不変であるためには，確率を等エネルギー面の面積に比例してとることはできず，その面の近傍の体積によって定義されるべきことがリウビルの定理から示唆される．

この確率分布を用いて統計力学では物理量 $A(x, p)$ の平均値を位相空間での平均として

$$\langle A \rangle = \frac{\displaystyle\int_{H=E} \frac{A(x, p)\,d\Gamma}{\sqrt{\left(\frac{\partial H}{\partial p}\right)^2 + \left(\frac{\partial H}{\partial x}\right)^2}}}{\displaystyle\int_{H=E} \frac{d\Gamma}{\sqrt{\left(\frac{\partial H}{\partial p}\right)^2 + \left(\frac{\partial H}{\partial x}\right)^2}}} \tag{5.20}$$

† 図 3.1 では等エネルギー状態は線上であったが，一般には“位相空間の次元 − 1”の次元をもつ面上である．ただし，運動の軌跡（トラジェクトリー）はあくまで線状であり，同じエネルギーをもつ異なる初期状態からのトラジェクトリーの集合がその等エネルギー面を与える．

と表す．ここで，$d\Gamma$ はエネルギーが E である等エネルギー面の面積要素である．

(5.16)では時間平均と統計平均の重みの局所的な一致を考えたが，(5.20)の平均が実際に意味をもつためには，これが物理量の長時間平均

$$\bar{A} = \lim_{T \to \infty} \frac{1}{T} \int_0^T dt\, A(x(t), p(t)) \tag{5.21}$$

と一致することが必要である．両者が一致するためには (5.20) の積分範囲と (5.21) で (x, p) が運動する範囲が一致しなくてはならない．状態が十分長い間時間発展するとき等エネルギー面をうめ尽すように運動すれば，この二つの平均値は一致する．そこで，等エネルギー面上を(ほぼ)うめ尽すように運動すると仮定することを**エルゴード仮説**という．どのような条件のもとでこの仮説が成立するかについてこれまで多くの研究がある．しかし，実際の多体系の位相空間は非常に広く，たとえくまなく運動するにしても，とてもそのような T は実現できない．[†]

この積分範囲の問題（エルゴード問題）の議論では，熱力学を説明する場合に物理量の示量性を仮定していることが考慮されていない．実際の熱力学を微視的な力学，つまり，系のハミルトニアン，から導こうとする際には，むしろこの示量性の条件がくわしく議論されるべきであると考えられる．これまでの経験では (5.20) で計算された量は正確に熱平衡状態での平均を表している．両者の積分範囲の一致は，示量性の成り立つ範囲で細かく分割した個々の系での初期値分布が等重率の原理を満たしていると考えるべきであろう．

この位相空間の考え方は，状態が離散的に存在する場合にも拡張される．状態が離散的に存在するのは，後で述べる量子力学の場合や，離散状態を用いたモデルなどである．そのような場合，位相空間はその状態の全集合であ

† ちょっとした系でも，T は宇宙の寿命より長くなる．

る．この離散的状態の熱力学的確率もやはり，等重率の原理により同じエネルギーをもつすべての状態において等しいととられる．離散的状態においては状態は個別に数えることができるので（5.16）に相当する考察は不要である．しかし，実際に熱平衡が実現するような系では離散的状態間の遷移まで考える必要があり，そこでは離散的状態というのは何らかの連続的状態を区切って作られた近似的な取扱いであると見るべきである．

実際に統計力学を用いるには，この等重率の原理とともに，温度 T ［K：ケルビン］を導入する必要がある．熱力学の温度と一致するように温度はエネルギー E にある状態数を $W(E)$ とするとき†

$$\frac{1}{k_{\mathrm{B}}T} = \frac{d \log W(E)}{dE} \tag{5.22}$$

で導入される．†† ここで k_{B} は**ボルツマン定数**とよばれる定数である．

$$k_{\mathrm{B}} = 1.380658 \times 10^{-23}\ \mathrm{J/K} \tag{5.23}$$

式（5.22）と熱力学の関係

$$\left(\frac{\partial S}{\partial E}\right)_V = \frac{1}{T} \tag{5.24}$$

を比較すると，エントロピー S が

$$S = k_{\mathrm{B}} \log W(E) \tag{5.25}$$

で与えられることがわかる．この関係は**ボルツマンの原理**とよばれる．

§5.3　量子力学と解析力学

統計力学は位相空間上の等エネルギー状態の等重率に基づいて展開された．それは原理とはいえ，ある程度直感的に納得できるものであった．それに対し，量子力学は，非常に小さいエネルギー状態で古典力学（ニュートンの法則）が成立しない場合の運動を記述する新しい原理に基づいている．そ

† 同じ W を用いるが，§3.4 で出てきた母関数とは関係ない．
†† くわしい導出は統計力学の専門書を参照

のため，決して直感的なものではない．

解析力学に代表されるように美しく完成した古典力学が，実際どのような過程を経て不十分なものであることが明らかにされてきたかは物理学のロマンの一つである．それらについては専門書を参照されたい．量子力学は基本的に新しい原理に基づくもので，古典力学の知識，つまり解析力学からの導出は不可能である．しかし，ここではその新しい原理が，その発見過程において形式的に強く解析力学によっていることを指摘しておきたい．

前期量子論では離散的な水素原子の分光スペクトルを説明するため作用変数（4.69）：

$$J = \oint p\,dx$$

の量子化が導入された．つまり，古典論では連続的な値がとれた作用変数 J が，ある定数 h の整数倍

$$J = nh, \qquad n = 1, 2, \cdots \tag{5.26}$$

しかとれないとする原理が導入された．ここで h は**プランク定数**とよばれ

$$h = 6.6262 \times 10^{-34}\ \mathrm{J \cdot s} \tag{5.27}$$

で与えられる．

これによりエネルギーの離散化が導かれる．たとえば，長さ l に閉じ込められた自由粒子がとりうるエネルギーを考えよう．この系のトラジェクトリーは図 5.3 で与えられる．エネルギーは

$$E = \frac{p^2}{2m} \tag{5.28}$$

であるので，量子化条件（5.26）は

$$J = \oint dx\,\sqrt{2mE} = 2l\sqrt{2mE} = nh \tag{5.29}$$

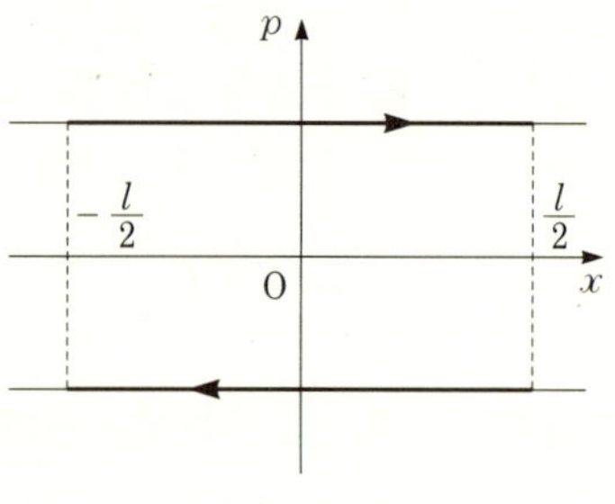

図 5.3　長さ l の中に閉じ込められた自由粒子のトラジェクトリー

となる．これより，

$$E = \frac{n^2 h^2}{8ml^2} \tag{5.30}$$

となり，エネルギーが離散的な値をとることが結論される．ここで運動量 p を考えると（5.28）と（5.30）から

$$p = \frac{h}{2l} n \tag{5.31}$$

となる．この関係は物質の運動を波動としてとらえ，その波長を

$$\lambda = \frac{h}{p} \tag{5.32}$$

と考えると，定在波の存在条件 $\lambda = \dfrac{2l}{n}$ と一致する．この関係はド・ブロイによって見出され，物質の運動を表すこの波動は物質波，あるいはド・ブロイ波とよばれる．

量子力学の説明はその歴史的経緯も含めていろいろあるが，その原理を最もコンパクトな形で表現すると，物理量は単なる量ではなく次のような代数関係を満たす変数（演算子とよばれる．後述）で与えられるとするものである．つまり，互いに正準共役な変数，たとえば x と p，の間に交換関係

$$[x, p] = xp - px = i\hbar \tag{5.33}$$

で与えられる代数関係があり，物理量 $A(x, p)$ の時間発展は，系のハミルトニアン H との交換関係

$$\dot{A} = \frac{1}{i\hbar}[A, H] \tag{5.34}$$

で与えられる．ここで $\hbar = h/2\pi$．これらから不確定性原理などが導かれ，量子力学が構築できる．正準変数としては必ずしも，位置と運動量 x, p である必要はなく，解析力学においてポアソンの括弧式がそうであったように，任意の正準変換で移れる任意の正準変数に関して式（5.33）が成立する．

上の関係は交換子をポアソンの括弧式とみると，解析力学で出てきた関係に酷似している．

$$\left.\begin{array}{l}(4.105) \leftrightarrow (5.33)\\(4.114) \leftrightarrow (5.34)\end{array}\right\} \tag{5.35}$$

しかし，これはあくまで類似であってその物理的説明はできない．[†]

これらの交換関係を満たすためには x, p はもはや単なる数でなく行列で表現しなくてはならない．そこで，量子力学においては物理量は行列で与えられ**演算子**とよばれる．たとえば，式 (5.33) を満たすためには

$$\left.\begin{array}{l}x = \sqrt{\hbar}\begin{pmatrix} 0 & 1 & 0 & 0 & \cdots & 0 \\ 1 & 0 & \sqrt{2} & 0 & \cdots & 0 \\ 0 & \sqrt{2} & 0 & \sqrt{3} & \cdots & 0 \\ \vdots & & & & & \vdots \end{pmatrix}\\ p = \sqrt{\hbar}\begin{pmatrix} 0 & i & 0 & 0 & \cdots & 0 \\ -i & 0 & i\sqrt{2} & 0 & \cdots & 0 \\ 0 & -i\sqrt{2} & 0 & i\sqrt{3} & \cdots & 0 \\ \vdots & & & & & \vdots \end{pmatrix}\end{array}\right\} \tag{5.36}$$

の無限次元行列を考える．

古典系では x や p の値が状態を表していたのに対し，x や p が演算子となっている量子力学においては系の状態は古典の場合と異なり非常に異なった形で与えられる．つまり，演算子を与える行列が定義されている線形空間(ヒルベルト空間という)のベクトル $|\psi\rangle$ が状態を表しており，物理量 A の状態 $|\psi\rangle$ における値は

$$\langle\psi|A|\psi\rangle \tag{5.37}$$

で与えられ，状態 $|\psi\rangle$ における期待値とよばれる．ここで $\langle\psi| = (|\psi\rangle)^*$ である（$*$ は複素共役)．この状態の運動方程式は**シュレーディンガー方程式**とよばれる．

† ディラック著，朝永振一郎，他訳：「量子力学」(岩波書店）参照

(5.34) を状態の変化としてとらえると

$$i\hbar\frac{\partial}{\partial t}|\psi(t)\rangle = H\left(x, p = -i\hbar\frac{\partial}{\partial x}, t\right)|\psi(t)\rangle \qquad (5.38)$$

となる．§4.4 でも触れたように，シュレーディンガー方程式はハミルトン‐ヤコビの方程式 (4.51)に似ており，量子力学の波動方程式の導入にも重要な役割を果たしている．状態の個数は行列の次元であり，状態は線形空間の独立なベクトルの線形結合で指定される．このヒルベルト空間は状態の集合であり，解析力学の位相空間と同じ役割をもつ．

さらに，量子力学の運動は作用積分の変分を与える古典力学の解 (図 2.1) の周りの ゆらぎ を適当な重みで加え合わせたものとも見ることができ，その考え方で量子力学を考える方法は**経路積分の方法**とよばれている．

§5.4　相対論における解析力学

マイケルソン‐モーレーの実験などにより，光の速度が慣性系によらず一定値

$$c = 299792.5\ \mathrm{km/s} \qquad (5.39)$$

であることが明らかになった．つまり，光速度一定が自然界の新しい原理(**光速度不変の原理**) になった．この原理はガリレイ変換に対する不変性を光の伝搬，つまり電磁波の波動方程式に適用することに矛盾する．この矛盾は電磁気学のマクスウェル方程式においても当時 懸案であった．そこで，アインシュタインは，[1]　物理法則はすべての慣性系で同等に成り立つ，[2]　光速度一定の原理は物理法則である，とする 2 つの仮設から新しい力学の体系を作った．それが**特殊相対性理論**である．そこでは，光速度一定よりすべての慣性系で

$$ds^2 = -(c\,dt)^2 + dx^2 + dy^2 + dz^2 \qquad (5.40)$$

が同じになることが要請される．つまり，任意の座標変換で ds^2 が不変にならなくてはならない．そのためには，互いに相対速度のちがう慣性系，

$S(x, y, z, t)$ と $S'(x', y', z', t')$ の間の座標変換（簡単のため，x, y, z 軸は互いに平行で，原点が x 方向に相対的な速さ v で運動しているとする．）をニュートン力学でのガリレイ変換：

$$\left.\begin{aligned} t' &= t \\ x' &= x - vt \\ y' &= y \\ z' &= z \end{aligned}\right\} \tag{5.41}$$

ではなく，**ローレンツ**（Lorentz）**変換**：

$$\left.\begin{aligned} ct' &= \frac{ct - (v/c)x}{\sqrt{1-(v/c)^2}} \\ x' &= \frac{x - vt}{\sqrt{1-(v/c)^2}} \\ y' &= y \\ z' &= z \end{aligned}\right\} \tag{5.42}$$

で与える必要がある．このような変換性をもつ座標系は**ミンコフスキーの時空**とよばれる．ここでは，時間も慣性系によって異なり，ニュートン力学で自明としていた絶対的な等時性が成り立たなくなっている．式(5.42)から異なる速度をもつ慣性系で，長さが短く観測されるというローレンツ収縮や，時間間隔が長く観測される時間の遅れ現象などが導かれる．ここで，光速度を無限大（$c \to \infty$）とするとガリレイ変換に帰着することからニュートン力学は速度が光速に比べて遅い場合の近似的な理論であったことがわかる．

相対性理論では，ニュートンの力学と異なり時間 t が他の座標から独立した存在でなくなっているため，座標変換は3次元の空間ベクトルでなく時間まで含めた4次元のベクトルに関して行われる（式(5.42)）．この空間の位置ベクトルは (ct, x, y, z) で表され，通常 (x^0, x^1, x^2, x^3) と表される．座標変換でこのベクトルと同様な変換をうける量の組は4元ベクトルとよばれる．

ローレンツ変換では，通常の内積 $(x^0)^2 + (x^1)^2 + (x^2)^2 + (x^3)^2$ ではなく $-(x^0)^2 + (x^1)^2 + (x^2)^2 + (x^3)^2$ が不変になるため，変換に対して不変な

量，つまりスカラーを作る内積に注意する必要がある．この問題を考慮するため，内積をとる際に反変ベクトルと共変ベクトルとよばれる2種類のベクトルを考える．変換によって位置ベクトルと同じ変換を受けるベクトルを反変ベクトルとよび，その添字を上付きにする．たとえば，上の位置ベクトル(x^0, x^1, x^2, x^3)は反変ベクトルである．それに対し，反変ベクトルとの内積，つまり

$$\sum_{\mu=0}^{3} x_i x^i \tag{5.43}$$

がスカラー（ローレンツ不変な量）になるベクトルを共変ベクトルとよび，その添字を下付きにする．いまの場合

$$(x_0\ x_1\ x_2\ x_3) = (-\,ct, x, y, z) \tag{5.44}$$

である．共変ベクトルは計量テンソルとよばれる $g_{\mu\nu}$ によって

$$x_\mu = \sum_\nu g_{\mu\nu} x^\nu \tag{5.45}$$

と与えられる．ここで

$$g_{00} = -1, \qquad g_{11} = g_{22} = g_{33} = 1, \qquad \text{その他 } 0 \tag{5.46}$$

である．

ニュートン力学では長さ $x^2 + y^2 + z^2$ が座標変換で不変であったため，$g_{11} = g_{22} = g_{33} = 1$ であり，共変ベクトルは反変ベクトルと一致した．そのためそれらを区別することはなかったが，相対論ではその必要性が生じるのでその記号法をここでも用いることにする．

特殊相対論において慣性系における運動方程式をニュートンの運動方程式の形

$$\frac{d\boldsymbol{p}}{dt} = \boldsymbol{F} \tag{5.47}$$

に表そうとすると，ローレンツ変換に関して不変な形にするためには次の修正が必要である．まず時間 t ではなく固有時 (proper time) とよばれるローレンツ不変な変数 τ

$$d\tau = dt\sqrt{1 - \frac{\boldsymbol{v}^2}{c^2}} \tag{5.48}$$

を導入し† 4 元速度ベクトル

$$(u^0, u^1, u^2, u^3) = \left(c\frac{dt}{d\tau}, \frac{dx}{d\tau}, \frac{dy}{d\tau}, \frac{dz}{d\tau}\right) \tag{5.49}$$

を考える．これを用いて 4 元運動量ベクトル

$$p^\alpha = m_0 u^\alpha \tag{5.50}$$

を導入すると

$$(p^0)^2 - \boldsymbol{p}^2 = (m_0 c)^2 \tag{5.51}$$

となる．ここでの運動量 $\boldsymbol{p}$ は

$$\boldsymbol{p} = \frac{m_0\boldsymbol{v}}{\sqrt{1 - \frac{\boldsymbol{v}^2}{c^2}}} \tag{5.52}$$

で与えられている．このことからニュートンの運動方程式を比較すると

$$m\frac{du^\alpha}{dt} = K^\alpha = \frac{F^\alpha}{\sqrt{1 - \frac{v^2}{c^2}}} \tag{5.53}$$

と書くことができる．

ここで，(5.51) を t で微分して (5.47) を用いると

$$c\,dp^0 = F_x\,dx + F_y\,dy + F_z\,dz \tag{5.54}$$

となる (演習問題)．つまり，力 $\boldsymbol{F}$ のした仕事 $\boldsymbol{F}\cdot\boldsymbol{r}$ が cp^0 の変化に等しい．これより，cp_0 をエネルギー E とよぶことができることがわかる．

$$E = \frac{m_0 c^2}{\sqrt{1 - \frac{\boldsymbol{v}^2}{c^2}}} \tag{5.55}$$

ここで，m_0 は**静止質量**とよばれ，ニュートン力学の質量のように物質固有の量である．また，m_0c^2 は**静止エネルギー**，または質量エネルギーとよばれる．

† ここで $d\tau$ は固有時間 $(d\tau)^2 = (dt)^2 - (dx)^2 - (dy)^2 - (dz)^2$ である．$ds^2 = -d\tau^2$ に注意．

速度 $\boldsymbol{v}$ で運動している物質の質量を

$$m = \frac{m_0}{\sqrt{1-\dfrac{\boldsymbol{v}^2}{c^2}}} \tag{5.56}$$

とすれば

$$\boldsymbol{p} = m\boldsymbol{v}, \qquad E = mc^2 \tag{5.57}$$

と表せる.

力がポテンシャル U をもっているとして，運動方程式 (5.53) をラグランジュの方程式

$$\frac{d}{dt}\left(\frac{\partial L}{\partial \dot{x}}\right) = \frac{\partial L}{\partial x}$$

から導くためには，ラグランジアンとして

$$L = m_0 c^2\left(1-\sqrt{1-\frac{\boldsymbol{v}^2}{c^2}}\right) - U \tag{5.58}$$

の形が考えられる．しかし，ここで力がポテンシャル U をもっているという考え方での相対論的な不変性に注意しなくてはならない．つまり，作用積分にローレンツ変換に関する不変性を要求すると，U の形は制約され，これまで考えてきた，たとえばバネのポテンシャル $U = \dfrac{1}{2}kx^2$ のような，空間座標だけからなるポテンシャルは不適当である．[†] 次節でローレンツ変換不変な作用積分を与えるポテンシャルをもつ例として荷電粒子の運動を議論する((5.103)参照)．ただし，その場合 U が速度に依存することに注意しよう．

自由粒子，つまり $U=0$，に対して (5.58) は，定数項を除いて

$$L = -\,m_0 c^2\sqrt{1-\frac{\boldsymbol{v}^2}{c^2}} \tag{5.59}$$

となり，作用積分は

† 一つの慣性系に固定して運動を考えれば，その慣性系でのポテンシャルとして空間座標だけからなる U を導入することができるが，考え方が複雑になるのでここでは言及しない.

$$I = \int L\,dt = -\int m_0 c^2\,d\tau \tag{5.60}$$

となる．つまり，作用積分がミンコフスキー空間でのスカラー量，つまりローレンツ変換で不変となることを示している．

第2章で変分原理による運動方程式導出のため，作用積分，ラグランジアンを発見的に導入してきたが，ここでその意味が明解になったといえよう．つまり，広い意味での**最小作用の原理**

> 作用積分というローレンツ不変な量の極値を与える運動が実現される

が相対論的力学の原理ということができる．これまで，この原理において時間を特別扱いし，作用積分を時間に関する積分の形で表し，そこでの被積分関数，つまりラグランジアンに注目して議論してきたのである．

運動エネルギーは，質点の静止エネルギーと運動中のエネルギーの差：

$$T = mc^2 - m_0 c^2 = m_0 c^2 \left(\frac{1}{\sqrt{1 - \frac{v^2}{c^2}}} - 1 \right) \tag{5.61}$$

で定義される．このとき

$$L \neq T - U$$

であることに注意しよう．

ハミルトニアンはいまの場合にも

$$H = \boldsymbol{p} \cdot \dot{\boldsymbol{x}} - L$$

で与えられる．

§5.5　電磁気学における解析力学

5.5.1　電磁場の中での荷電粒子の運動

電磁場 $(\boldsymbol{E}, \boldsymbol{B})$ の中では電荷 q をもつ粒子はローレンツ力を受け，その運動方程式は

$$m\frac{d^2\boldsymbol{r}}{dt^2} = q(\boldsymbol{E} + \boldsymbol{v} \times \boldsymbol{B}) \tag{5.62}$$

で与えられる．電子の場合，

$$q = -e$$

ここで e は電気素量

$$e = 1.6021773 \times 10^{-19}\,\mathrm{C} \tag{5.63}$$

である．この運動方程式をラグランジュの方程式として導くラグランジアンはどのような形をしているのであろうか．ここで，電場，磁場はベクトルポテンシャル $\boldsymbol{A}$ と静電ポテンシャル ϕ

$$\boldsymbol{B} = \nabla \times \boldsymbol{A} \tag{5.64}$$

$$\boldsymbol{E} = -\nabla\phi - \frac{\partial \boldsymbol{A}}{\partial t} \tag{5.65}$$

を用いて表されることに注意すると，式 (5.62) は

$$L = \frac{m}{2}\dot{\boldsymbol{r}}^2 - q(\phi - (\dot{\boldsymbol{r}}\cdot\boldsymbol{A})) \tag{5.66}$$

から導かれることがわかる(演習問題[3])．ここで $\boldsymbol{r}$ と $\dot{\boldsymbol{r}}$ が独立であること，ベクトルの三重積の展開

$$\boldsymbol{A} \times (\boldsymbol{B} \times \boldsymbol{C}) = (\boldsymbol{A}\cdot\boldsymbol{C})\boldsymbol{B} - (\boldsymbol{A}\cdot\boldsymbol{B})\boldsymbol{C} \tag{5.67}$$

から

$$\dot{\boldsymbol{r}} \times (\nabla \times \boldsymbol{A}) = \nabla(\dot{\boldsymbol{r}}\cdot\boldsymbol{A}) - (\dot{\boldsymbol{r}}\cdot\nabla)\boldsymbol{A} \tag{5.68}$$

であることを用いる．

また，ハミルトニアンは共役な運動量が

$$\boldsymbol{p} = m\dot{\boldsymbol{r}} + q\boldsymbol{A} \tag{5.69}$$

であることから，$H = \boldsymbol{p}\cdot\dot{\boldsymbol{r}} - L$ より

$$H = \frac{1}{2m}(\boldsymbol{p} - q\boldsymbol{A})^2 + q\phi \tag{5.70}$$

で与えられる．これからハミルトンの正準方程式によって (5.62) が導かれ

る（演習問題［4］）．

電場，磁場を導くポテンシャル（5.64），（5.65）を導入するとき，任意の1価関数 W を用いて

$$\phi' = \phi - \frac{\partial W}{\partial t} \tag{5.71}$$

$$\boldsymbol{A}' = \boldsymbol{A} + \frac{\partial W}{\partial \boldsymbol{r}} \tag{5.72}$$

の自由度があり，**電磁場のゲージ変換の自由度**とよばれる．この自由度は上のラグランジアン（5.66）においてラグランジアンにある関数の全微分をつけ加える自由度（2.36）に対応している．つまり，

$$L \to L' = L + q\frac{dW}{dt} \tag{5.73}$$

とすると

$$\frac{dW}{dt} = \frac{\partial W}{\partial t} + \frac{\partial W}{\partial \boldsymbol{r}} \cdot \dot{\boldsymbol{r}} \tag{5.74}$$

より，電磁場のゲージ変換の自由度はこの W の自由度で表されることがわかる．

5.5.2　真空中のマクスウェルの方程式

真空中のマクスウェルの方程式を与えるラグランジアンはどのようなものであるか考えよう．

ここで注意しなくてはならないのは，$\boldsymbol{E}$ などが質点の位置などではなく，**場**であることである．場とは空間各点に値をもつ関数のことで，$\phi(x, t)$ などと書かれる．場に対するラグランジアンはラグランジアン密度 $\mathscr{L}$ を空間で積分したもので与えられる．

$$L = \int d\boldsymbol{x}[\mathscr{L}] \tag{5.75}$$

ラグランジアン密度は場自身 $\phi(\boldsymbol{x}, t)$，場の時間変化 $\dot{\phi}(\boldsymbol{x}, t)$ のほかに場の空間変化 $\nabla\phi(\boldsymbol{x}, t)$ の関数で与えられる．

$$\mathscr{L} = \mathscr{L}(\phi(\boldsymbol{x}, t),\ \nabla\phi(\boldsymbol{x}, t),\ \dot{\phi}(\boldsymbol{x}, t)) \tag{5.76}$$

作用積分は

$$I = \int_{t_0}^{t_1} dt\, L$$

である．ここでの変分は場を少し変えた場合：

$$\phi(\boldsymbol{x}, t) \ \to\ \phi'(\boldsymbol{x}, t) = \phi(\boldsymbol{x}, t) + \delta\phi(\boldsymbol{x}, t) \tag{5.77}$$

に I が不変になることである．ただし，$t = t_0, t_1$ で $\delta\phi(x, t) = 0$ であり，また十分遠く $|\boldsymbol{r}| \to \infty$ でも $\delta\phi(x, t) = 0$ とする．具体的に計算すると（演習問題［5］）

$$I(\phi') - I(\phi) = \int_{t_0}^{t_1} dt \int d\boldsymbol{x} \left[\frac{\partial \mathscr{L}}{\partial \phi} - \nabla \cdot \frac{\partial \mathscr{L}}{\partial \nabla \phi} - \frac{\partial}{\partial t} \frac{\partial \mathscr{L}}{\partial \dot{\phi}} \right] \delta\phi(\boldsymbol{x}, t) \tag{5.78}$$

より，ラグランジュの方程式として

$$\frac{\partial \mathscr{L}}{\partial \phi} - \nabla \cdot \frac{\partial \mathscr{L}}{\partial \nabla \phi} - \frac{\partial}{\partial t} \frac{\partial \mathscr{L}}{\partial \dot{\phi}} = 0 \tag{5.79}$$

を得る．

さて，マクスウェルの方程式：

$$\nabla \cdot \boldsymbol{B} = 0 \tag{5.80}$$

$$\nabla \times \boldsymbol{E} + \frac{\partial \boldsymbol{B}}{\partial t} = 0 \tag{5.81}$$

$$\nabla \cdot \boldsymbol{E} = \frac{1}{\varepsilon_0} \rho \tag{5.82}$$

$$\nabla \times \boldsymbol{B} - \frac{1}{c^2} \frac{\partial \boldsymbol{E}}{\partial t} = \mu_0 \boldsymbol{j} \tag{5.83}$$

を導くラグランジアンを考えよう．

ここで，力学変数として電場や磁場自身でなくベクトルポテンシャル $\boldsymbol{A}$ や静電ポテンシャル ϕ を用いると，ラグランジアンがコンパクトな形で表されることがわかっている．マクスウェルの方程式のうち（5.80），（5.81）はポテンシャルを用いて $\boldsymbol{E}$ や $\boldsymbol{B}$ を表す際，つまり(5.64)，(5.65)において，自動的に満たされることに注意しよう．つまり，ベクトルポテンシャルや静電ポテンシャルの定義式が (5.80)，(5.81) と等価なのである．そこで，残りの2つ，つまり (5.82) と (5.83) がラグラジュの方程式から出てくるようにラグランジアン密度を決めよう．ただし簡単のため真空中で考える ($\rho = \boldsymbol{j} = 0$)．まず4元（反変）ベクトルポテンシャルとして

$$(A^0, A^1, A^2, A^3) = \left(\frac{\phi}{c}, A_x, A_y, A_z\right) \tag{5.84}$$

を導入する．このベクトルに対する共変ベクトルは計算テンソルを $g_{00} = -1$，$g_{11} = g_{22} = g_{33} = 1$ととっているので

$$(A_0, A_1, A_2, A_3) = \left(-\frac{\phi}{c}, A_x, A_y, A_z\right) \tag{5.85}$$

となる．

この4元ベクトルポテンシャルを用いると，たとえば E_x や B_x は次のように表される．

$$E_x = -\frac{\partial \phi}{\partial x} - \frac{\partial A_x}{\partial t} = c\left(\frac{\partial}{\partial x}\left(\frac{\phi}{c}\right) - \frac{1}{c}\frac{\partial}{\partial t}A_x\right) \tag{5.86}$$

$$B_x = \frac{\partial A_z}{\partial y} - \frac{\partial A_y}{\partial z} \tag{5.87}$$

ここで4元微分演算子

$$\partial_\mu = (\partial_0, \partial_1, \partial_2, \partial_3) = \left(\frac{1}{c}\frac{\partial}{\partial t}, \frac{\partial}{\partial x}, \frac{\partial}{\partial y}, \frac{\partial}{\partial z}\right) \tag{5.88}$$

$$\partial^\mu = (-\partial_0, \partial_1, \partial_2, \partial_3) = \left(-\frac{1}{c}\frac{\partial}{\partial t}, \frac{\partial}{\partial x}, \frac{\partial}{\partial y}, \frac{\partial}{\partial z}\right) \tag{5.89}$$

を導入すると E_x，B_x は

$$E_x = -c(\partial^1 A^0 - \partial^0 A^1) \tag{5.90}$$

$$B_x = \partial^2 A^3 - \partial^3 A^2 \tag{5.91}$$

となる．これらの量は4元の電磁場テンソル $F^{\mu\nu}$

$$F^{\mu\nu} = \partial^\mu A^\nu - \partial^\nu A^\mu \tag{5.92}$$

を用いると

$$\left.\begin{array}{lll} E_x = -\,cF^{10}, & E_y = -\,cF^{20}, & E_z = -\,cF^{30} \\ B_x = F^{23}, & B_y = F^{31}, & B_z = F^{12} \end{array}\right\} \tag{5.93}$$

と表せる．この電磁場テンソルによって電磁場のラグランジアン密度は

$$\mathscr{L} = -\frac{1}{4\mu_0}F^{\mu\nu}F_{\mu\nu} \tag{5.94}$$

と与えられることがわかっている．ただし $F_{\mu\nu} = \partial_\mu A_\nu - \partial_\nu A_\mu$（演習問題[6]）．この形を $\boldsymbol{E}$ と $\boldsymbol{B}$ を用いて表すと

$$\mathscr{L} = \frac{1}{2}\left(\varepsilon_0\boldsymbol{E}^2 - \frac{1}{\mu_0}\boldsymbol{B}^2\right) \tag{5.95}$$

と書ける．ここで，$\varepsilon_0(= 8.854 \times 10^{-12}\,\mathrm{F\,m^{-1}})$，$\mu_0(= 4\pi \times 10^{-7}\,\mathrm{H\,M^{-1}})$ はそれぞれ真空の誘電率，透磁率であり，$\varepsilon_0\mu_0 = c^{-2}$ である．この形で電磁場のラグランジアンを書く場合，この形では $\boldsymbol{E}$ と $\boldsymbol{B}$ の定義(5.64)，(5.65)が明らかでなく，ラグランジュの方程式をどのように作ればよいか不明なので，$\boldsymbol{E}$ や $\boldsymbol{B}$ の $\boldsymbol{A}$ に対する定義を含めて独立変数の数を $\boldsymbol{E}$，$\boldsymbol{B}$，ϕ，$\boldsymbol{A}$ の 10 個に増やし

$$L = \int d\boldsymbol{r}\left[-\frac{1}{2}\left(\varepsilon_0\boldsymbol{E}^2 - \frac{1}{\mu_0}\boldsymbol{B}^2\right) - \varepsilon_0\boldsymbol{E}\cdot(\nabla\phi + \dot{\boldsymbol{A}}) - \frac{1}{\mu_0}\boldsymbol{B}\cdot(\nabla\times\boldsymbol{A})\right] \tag{5.96}$$

と書けば，$\boldsymbol{E}$ と $\boldsymbol{B}$ に関するラグランジュの方程式から

$$\left.\begin{array}{l} \varepsilon_0\boldsymbol{E} - \varepsilon_0(\nabla\phi + \dot{\boldsymbol{A}}) = 0 \quad \to \quad (5.65) \\ \dfrac{1}{\mu_0}\boldsymbol{B} - \dfrac{1}{\mu_0}(\nabla\times\boldsymbol{A}) = 0 \quad \to \quad (5.64) \end{array}\right\} \tag{5.97}$$

さらに，$\boldsymbol{A}$ に関するラグランジュの方程式は上で議論したものに一致し，(5.82)，(5.83) を導く．

ここで，マクスウェル方程式をラグランジュ方程式として導出するだけならば $\mathscr{L}$ の係数は何でもよいのであるが，ハミルトニアン密度

$$\mathscr{H} = \pi^\mu \dot{A}_\mu - \mathscr{L} \tag{5.98}$$

ただし，π^μ は A^μ に正準共役な運動量

$$\pi^\mu = \frac{\partial \mathcal{L}}{\partial \dot{A}_\mu} \tag{5.99}$$

が電磁場のエネルギー密度

$$\frac{1}{2}\left(\varepsilon_0 \boldsymbol{E}^2 + \frac{1}{\mu_0}\boldsymbol{B}^2\right) = \frac{1}{2\mu_0}\left(\frac{\boldsymbol{E}^2}{c^2} + \boldsymbol{B}^2\right) \tag{5.100}$$

に等しいと置くことで係数 $-1/4\mu_0$ が決まっている（演習問題［7］）．

前節の結果と合わせて質点と電磁場のラグランジアン L は，質点のラグランジアン，L_m (5.59)，電磁場のラグランジアン，L_f (5.94)，それらの相互作用（ローレンツ力）のラグランジアン L_{mf} ［(5.66) の第 2 項］によって

$$L = L_m + L_{mf} + L_f \tag{5.101}$$

と与えられる．† これらの作用積分は

$$I = -\int m_0 c\, d\tau + q\int \sum_\alpha A_\alpha\, dx^\alpha - \frac{1}{4\mu_0}\int \sum_{\alpha\beta} F_{\alpha\beta}F^{\alpha\beta}\, d\boldsymbol{x}\, dt \tag{5.102}$$

とミンコフスキー空間でのスカラー量でコンパクトな形で表される．この形から電磁場中での荷電粒子に対するポテンシャルエネルギー (5.58) が

$$U = q(\phi - \boldsymbol{v}\cdot\boldsymbol{A}) \tag{5.103}$$

で与えられるといってよいことがわかる．実際 (5.58) の形でローレンツ不変になるポテンシャルはこの (5.103) しかなく，(5.58) を一般のポテンシャルで論じるのは無理がある．

§5.6　リウビルの方程式とマスター方程式

粒子の運動の統計的な側面を把握するのに，粒子の個々の運動ではなく，粒子の分布関数の運動を用いることが多い．粒子の位相空間での運動を $(\{x_i(t), p_i(t)\})$ とすると，位相空間での状態点 $(\{x_i(t), p_i(t)\})$ の分布関数

---

† 前節の議論では電磁場中の粒子の運動を非相対論的に扱っているが，L_m として (5.59) を用いると (5.66) の第 2 項はローレンツ不変であり，相対論的に議論してもこの形になる．

$\rho(x,p)$ は

$$\rho(\{x_i, p_i\}, t) = \prod_i \delta(x_i - x_i(t))\,\delta(p_i - p_i(t)) \qquad (5.104)$$

つまり，位相空間を状態点が動いている様子を表すデルタ関数で表される．この範囲ではわざわざ分布関数を用いるありがたみはない．しかし，状態点 $(\{x_i(t), p_i(t)\})$ の位置が確率的に与えられる場合，たとえば，初期の粒子位置がある分布で与えられる場合など，分布関数による記述が有用である．

状態点は1点しかないのでその分布は確率と考えてよい．位相空間の微小体積に状態点が入っている確率の時間変化は，連続の方程式により

$$\frac{\partial\rho}{\partial t} + \sum_j \dot{p}_j \frac{\partial\rho}{\partial p_j} + \sum_j \dot{x}_j \frac{\partial\rho}{\partial x_j} = 0 \qquad (5.105)$$

で与えられる．また，ハミルトンの運動方程式

$$\frac{\partial H}{\partial x_j} = -\dot{p}_j$$

$$\frac{\partial H}{\partial p_j} = \dot{x}_j$$

を代入すると

$$\frac{\partial\rho}{\partial t} = \sum_j \left[\frac{\partial H}{\partial x_j}\frac{\partial\rho}{\partial p_j} - \frac{\partial H}{\partial p_j}\frac{\partial\rho}{\partial x_j}\right] = [H, \rho] \qquad (5.106)$$

が得られる．この運動方程式は位相空間の状態点の確率密度の保存（式(5.105)）を，正準方程式（そこでは位相空間の体積が運動によって変らない（リウビルの定理））を用いて書き換えたものであり，**リウビルの方程式**とよばれる．

ここで，$\rho(t)$ の運動方程式は通常の物理量の運動方程式 (4.114)

$$\frac{dA}{dt} = [A, H]$$

と符号が逆，つまり $[\rho, H]$ でなく $[H, \rho]$ であることに注意しよう．

いま，時間発展の操作を $\tilde{L}$ と書くと，式 (5.106) は

$$\frac{\partial\rho}{\partial t} = \tilde{L}\rho = [H, \rho] \qquad (5.107)$$

と表せる．この $\tilde{L}$ は**リウビル演算子**とよばれる．[†]

また，この操作を積分して有限の時間の時間発展を与える時間発展演算子 $\widetilde{\mathscr{L}}$

$$\rho(t) = \exp\left(\int_0^t \widetilde{\mathscr{L}}(s)\,ds\right)\rho(0) = \widetilde{\mathscr{L}}(t)\,\rho(0) \qquad (5.108)$$

もリウビル演算子とよばれる．古典力学の範囲ではこの演算子を具体的に計算することはほとんどないが，系の時間発展を一般的に議論する場合によく用いられる．

この時間発展演算子の考え方は確率過程などでの状態更新を考える場合にも重要な役割をする．正準方程式(3.7)による時間発展では，状態は決定的，つまり確率１で移動していくが，状態の時間発展が確率的な場合，それぞれの時間発展のリウビル演算子を確率に応じて平均すると確率的な時間発展を与える演算子が作れる．この場合(5.107)あるいは(5.108)は**マスター方程式**とよばれる．このように一般化した時間発展では，必ずしもリウビルの定理が成り立たないが，拡張した意味でこの時間発展もやはりリウビル演算子とよぶ．

簡単のため，状態を離散化して考える全状態を $\{s_1, s_2, \cdots, s_M\}$ とし，それぞれの状態にある確率を $\{p_1, p_2, \cdots, p_M\}$ とする．このとき，確率過程は

$$\begin{pmatrix} p_1(t+\Delta t) \\ p_2(t+\Delta t) \\ \vdots \\ p_M(t+\Delta t) \end{pmatrix} = \widetilde{\mathscr{L}} \begin{pmatrix} p_1(t) \\ p_2(t) \\ \vdots \\ p_M(t) \end{pmatrix} \qquad (5.109)$$

† ここで $[H, \rho]$ はポアソンの括弧式であり，量子力学の交換関係ではないことに注意せよ．§3.3 で述べたように，ポアソンの括弧式と量子力学での交換関係は $i\hbar$ の因子だけ異なり，量子力学での密度行列は

$$i\hbar\dot{\rho} = [\mathscr{H}, \rho]$$

となる．また，量子力学では密度行列ではなく，状態ベクトルの時間を進める演算子

$$|t\rangle = e^{-i\mathscr{H}t/\hbar}|0\rangle$$

がある．この演算子 $e^{-i\mathscr{H}t/\hbar}$ も時間発展演算子とよばれるが，これをリウビル演算子とよぶことはない．

と表される．ここでは簡単のため時間発展がその瞬間の状態だけによる，いわゆるマルコフ過程の場合だけ考える．

$\mathscr{L}$ の行列要素

$$(\widetilde{\mathscr{L}})_{ij} = \omega_{j\to i} \tag{5.110}$$

は時間 Δt の間に状態 j から状態 i に遷移する確率になっている．マルコフ過程の場合 $\widetilde{\mathscr{L}}$ は状態に依存しない．ここで，確率保存のため

$$\sum_i (\widetilde{\mathscr{L}})_{ij} = 1 \tag{5.111}$$

でなくてはならない．このような $\mathscr{L}$ は確率行列とよばれる．また，時間発展がマルコフなマスター方程式 (5.109) で与えられたとき，2 つの連続した時間発展

$$\widetilde{\mathscr{L}}(t+s) = \widetilde{\mathscr{L}}(t)\widetilde{\mathscr{L}}(s) \tag{5.112}$$

における遷移確率は

$$\omega_{j\to i}(t+s) = \sum_k \omega_{j\to k}(s)\,\omega_{k\to i}(t) \tag{5.113}$$

で与えられる．この関係は**チャップマン－コロモゴロフの関係**とよばれる．

演 習 問 題

[**1**] N 個の自由粒子からなる系の位相空間での等エネルギー面の広さ $W(E)$ をエネルギー E の関数として求めよ．ただし，自由粒子のハミルトニアンは

$$H = \frac{1}{2m}\sum_{i=1}^{3N} p_i{}^2 \tag{5.114}$$

とする．

[**2**] §5.4 の (5.54) を導け．

[**3**] (5.66) のラグランジアンからローレンツ力 (5.62) を導け．

[**4**] (5.70) のハミルトニアンからローレンツ力 (5.62) を導け．

[**5**] 場 $\phi(x, t)$ のラグランジュの方程式 (5.79) を導け．

［**6**］ 電磁場のラグランジアン（5.94）からマクスウェルの方程式を導け．

［**7**］ 電磁場における4元ベクトルポンシャル A^{μ} に正準共役な運動量 π^{μ} を求め，電磁場のハミルトニアン密度を求めよ．

［**8**］ 3点A，B，Cに質点が分布しているとし，それぞれの点での分布を p_{A}，p_{B}，p_{C} とする．単位時間当りにA→Bへの遷移確率を $w_{\mathrm{A}\to\mathrm{B}}$ とする．同様に $w_{\mathrm{B}\to\mathrm{A}}$，$w_{\mathrm{B}\to\mathrm{C}}$，$w_{\mathrm{C}\to\mathrm{B}}$ を考える．この場合のリウビル演算子 $\tilde{\mathscr{L}}$（5.109）を求めよ．また $w_{\mathrm{A}\to\mathrm{B}} = w_{\mathrm{B}\to\mathrm{C}} = w_{\mathrm{B}\to\mathrm{A}} = w_{\mathrm{C}\to\mathrm{B}}$ の場合に初期分布 $p_{\mathrm{A}} = 0$，$p_{\mathrm{B}} = 1$，$p_{\mathrm{C}} = 0$ の時間変化を求めよ．

付　　　録

A.1　ラグランジュの未定乗数法

(1.7) のように極値を考える問題において，仮想変位 δx_i を考える場合，各変数が自由に変化するときにはそれぞれの変数ごとに変位を独立にとればよいが，束縛条件がある場合にはその条件を考慮して変分をとらなくてはならない．その場合，すべての変数が独立でないので少し工夫が必要になる．以下では，ラグランジュの未定乗数法とよばれる一般的な方法を紹介する．

束縛条件として，s 個の関係

$$f_i(\boldsymbol{r}, t) = 0, \qquad i = 1, \cdots, s \tag{A.1}$$

を考えよう．ここで $\boldsymbol{r} = \{x_i\}$ は空間座標である．この束縛条件のもとで座標の微小変化

$$x_i \rightarrow x_i + \delta x_i \tag{A.2}$$

を考えると，その変化による f_i の変化 δf_i は 0 でなくてはならない．つまり

$$\delta f_j(\boldsymbol{r}, t) = f_j(\boldsymbol{r} + \delta \boldsymbol{r}) - f_j(\boldsymbol{r}) = \sum_{i=1}^{s} \frac{\partial f_j}{\partial x_i} \delta x_i = 0 \tag{A.3}$$

である．つまり，各 $\delta x_i(t)$ の間にこのような関係があることが束縛条件そのものである．

ラグランジュの未定乗数法では，この本来 0 である $\delta f_i(\boldsymbol{r}, t)$ に未定乗数 $\{\lambda_i\}$ を乗じて，解くべき変分の関係式に加える．たとえば，(1.7)に加えると

$$\sum_i \left(F_i - m_i \frac{d^2 x_i(t)}{dt^2} + \sum_{j=1}^{s} \lambda_j \frac{\partial f_j}{\partial x_i} \right) \delta x_i = 0 \tag{A.4}$$

となる．

次に，束縛条件を考えず，各 δx_i が自由に変化できるものとしてそれらの係数を 0 とおく．上の (A.4) の場合には運動方程式

$$m_i \frac{d^2 x_i}{dt^2} = F_i + \sum_{j=1}^{s} \lambda_j \frac{\partial f_j}{\partial x_i} \qquad \text{(A.5)}$$

が得られる．右辺 第 2 項は位置の関数 f_i を座標の変数 x_i で偏微分した関数の質点の位置 $x_i = x_i(t)$ での値，つまり

$$\left.\frac{\partial f_j}{\partial x_i}\right|_{x_i = xi(t)} \qquad \text{(A.6)}$$

を表している．$x_i(t)$ を単に x_i と書く場合が多いが，変数 $x_i(t)$ は物体の運動の位置を表す時間 t の関数であるのに対し，微分 $\partial/\partial x_i$ に出てくる x_i は座標 x_i を表している．違いは明解であるが記号法として混乱しやすいので注意しよう．

これらの方程式を束縛を考えずに解くと $x_i(t)$ が未定乗数の関数として求まる．

$$x_i = x_i(\{\lambda_j\}, t), \qquad i = 1, \cdots, 3N \qquad \text{(A.7)}$$

未定乗数 $\{\lambda_i\}$ は，これら $x_i(\{\lambda_j\}, t)$ を束縛条件 (A.1) に代入することで決めることができる．このようにして束縛条件下の運動 $\{x_i(t)\}$ が求められる．

以上は数学的な方法であるが，ここで，(A.5)においてつけ加わった右辺第 2 項の物理的意味を考えておこう．この項は λ_j に比例する ∇f_j の方向の大きさの力を表す項と見ることができる．∇f_j は f_j 一定の面に垂直な法線ベクトルの方向を与え，いわゆる束縛力，たとえば振り子の場合には質点にかかる張力，を与えている([例題 A.2] 参照)．

ここで，具体的な使い方に関しての例を上げておこう．まず一般的な極値問題でのラグランジュの未定乗数法の使い方の例を紹介する．ここでの例はもっと簡単な方法で解けるが，あえてラグランジュの未定乗数法と関連づけて議論する．

例題 A.1

半径 1 の円に接する傾き 2 の直線の方程式を求めよ．(図 A.1)

［**解**］ この問題は

$$x^2 + y^2 = 1 \qquad \text{(A.8)}$$

の条件のもとで

$$y = 2x + a \qquad \text{(A.9)}$$

の a の極値を求める問題である．普通は y を消去して重根の条件から求めるのであ

るが，ここではあえて $a = y - 2x$ に関して変分問題としてとらえてみよう．つまり，

$$\delta a(x, y) = \delta y - 2\delta x = 0 \quad (A.10)$$

を満たす x, y を条件式 (A.8) のもとで求めてみよう．

ラグランジュの未定係数法にしたがって，条件式 (A.8) の変分をとったもの（(A.3)に相当）

$$\delta(x^2 + y^2 - 1) = 2(x\,\delta x + y\,\delta y) \quad (A.11)$$

に未定乗数 λ を掛け，(A.10)にとり入れる．つまり，

$$\delta a = \delta y - 2\delta x + 2\lambda(x\,\delta x + y\,\delta y) = 0 \quad (A.12)$$

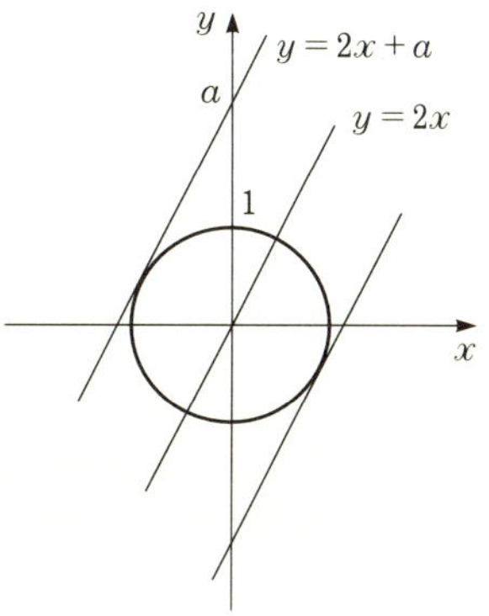

図 A.1　$x^2 + y^2 = 1,\ y = 2x + a$

これが任意の δx，δy について成り立ったとして，それぞれの係数を 0 と置く．

$$\left.\begin{aligned} \delta x:&\quad -2 + 2\lambda x = 0 \ \to\ x = \frac{1}{\lambda} \\ \delta y:&\quad 1 + 2\lambda y \quad = 0 \ \to\ y = -\frac{1}{2\lambda} \end{aligned}\right\} \quad (A.13)$$

これを束縛条件の式 (A.8) に代入すると

$$\left(\frac{1}{\lambda}\right)^2 + \left(\frac{-1}{2\lambda}\right)^2 = 1 \quad (A.14)$$

より，

$$\lambda = \pm\frac{\sqrt{5}}{2} \quad (A.15)$$

となる．これより求める a は

$$a = y - 2x = \frac{-1}{2\lambda} - \frac{2}{\lambda} = \pm\sqrt{5} \quad (A.16)$$

となる．

次に力学におけるラグランジュの未定係数法の使い方の例を紹介する．

例題 A.2

長さ l の振り子の運動方程式を (x, y) 座標で求めよ．また，糸にかかる張力を求めよ．

[解]　図 1.3 のような配置で考えると，束縛条件は

$$f(x, y) = x^2 + y^2 - l^2 = 0 \tag{A.17}$$

質点にかかっている力は

$$F_x = 0, \quad F_y = -mg \tag{A.18}$$

であるので，運動方程式 (A.5) は未定乗数を λ として

$$\left.\begin{aligned} m\frac{d^2x}{dt^2} &= F_x + \frac{1}{2}\lambda\frac{\partial f}{\partial x} = 0 + \lambda x \\ m\frac{d^2y}{dt^2} &= F_y + \frac{1}{2}\lambda\frac{\partial f}{\partial y} = -mg + \lambda y \end{aligned}\right\} \tag{A.19}$$

となる．この方程式を λ の関数として解き，式 (A.17) に代入して λ を時間の関数として求めればよいのであるが，残念ながら式 (A.19) を直接解くことはむずかしい．

そこで，力学で習ったようにエネルギー保存則を利用して λ を $x(t)$，$y(t)$ の関数として求めてみよう．

まず，式 (A.19) の第 1 式に x，第 2 式に y を掛けて両式を加え，

$$\frac{d^2}{dt^2}(x^2 + y^2) = 2(\ddot{x}x + \ddot{y}y + \dot{x}^2 + \dot{y}^2) = 0 \tag{A.20}$$

を利用すると

$$\lambda(x^2 + y^2) - mgy + mv^2 = \lambda l^2 - mgy + mv^2 = 0 \tag{A.21}$$

を得る．また，式 (A.19) の第 1 式に $\dot{x}$，第 2 式に $\dot{y}$ を掛けて両式を加えると

$$\frac{m}{2}\frac{d}{dt}(\dot{x}^2 + \dot{y}^2) = \frac{\lambda}{2}\frac{d}{dt}(x^2 + y^2) - mg\frac{dy}{dt} \tag{A.22}$$

を得る．ここで $\frac{d}{dt}(x^2 + y^2) = 0$ であることに注意し，さらに $t = 0$ での初期条件を

$$\left.\begin{aligned} (x, y) &= (0, -l) \\ (\dot{x}, \dot{y}) &= (V_0, 0) \end{aligned}\right\} \tag{A.23}$$

と置いて，(A.22) を積分すると

$$\frac{m}{2}v^2 = \frac{m}{2}V_0^2 - mg(y + l) \tag{A.24}$$

が得られる．ちなみに，この関係はエネルギー保存則を表している．式 (A.21)，式 (A.24) より

$$\lambda(t) = \frac{3mgy + 2mgl - mV_0^2}{l^2} \tag{A.25}$$

が得られる．これによって運動方程式 (A.19) が閉じた形で求められた．

ここで，λ に比例する項は，前に説明したように張力を与えている．張力の大きさを τ とすると，x 方向の張力は $\tau \times (x/l)$ となるので

$$\tau = -\lambda(t)\,l = \frac{mV_0^2 - (3mgy + 2mgl)}{l} \tag{A.26}$$

となる．ここで張力 τ は V_0 の大きさによっては負になることもあることに注意しよう．（本シリーズ「力学」第 5 章 演習問題 [8]）

A.2　独立変数とルジャンドル変換

ある関数 $A(x, y)$ が x, y の関数であるというとき，x, y は互いに独立に変化させられる変数と考えており，それらを独立変数とよぶ．このとき，関数 A の変化は x, y の変化分 dx, dy を用いて

$$dA(x, y) = \left(\frac{\partial A}{\partial x}\right)_y dx + \left(\frac{\partial A}{\partial y}\right)_x dy \tag{A.27}$$

と表される．ここでの添字はどの変数を独立な変数とするか，つまりどの変数を一定にして微分したかを示している．数学の教科書ではあまりこの添字は書かれない．それは独立変数が自明であることが多いためである．熱力学などでは独立変数のとり方にいろいろな場合があり，添字は必ず必要である．

関数 A を，新しい変数 X, Y を

$$\left.\begin{aligned} X &= X(x, y) \\ Y &= Y(x, y) \end{aligned}\right\} \tag{A.28}$$

とし，A を X, Y の関数と考えると

$$dA(X, Y) = \left(\frac{\partial A}{\partial X}\right)_Y dX + \left(\frac{\partial A}{\partial Y}\right)_X dY \tag{A.29}$$

である．ここで

$$\left.\begin{aligned} dx &= \left(\frac{\partial x}{\partial X}\right)_Y dX + \left(\frac{\partial x}{\partial Y}\right)_X dY \\ dy &= \left(\frac{\partial y}{\partial X}\right)_Y dX + \left(\frac{\partial y}{\partial Y}\right)_X dY \end{aligned}\right\} \tag{A.30}$$

を式 (A.27) に代入すると

$$\left.\begin{aligned} \left(\frac{\partial A}{\partial X}\right)_Y &= \left(\frac{\partial A}{\partial x}\right)_y \left(\frac{\partial x}{\partial X}\right)_Y + \left(\frac{\partial A}{\partial y}\right)_x \left(\frac{\partial y}{\partial X}\right)_Y \\ \left(\frac{\partial A}{\partial Y}\right)_X &= \left(\frac{\partial A}{\partial y}\right)_x \left(\frac{\partial y}{\partial Y}\right)_X + \left(\frac{\partial A}{\partial x}\right)_y \left(\frac{\partial x}{\partial Y}\right)_X \end{aligned}\right\} \tag{A.31}$$

であることがわかる．

また，物理学ではしばしば，x の代りに

$$B=\left(\frac{\partial A}{\partial x}\right)_y \tag{A.32}$$

を独立変数にする必要がでてくる．たとえば，熱力学でエントロピー(S)を変数にするか，温度（$T=(\partial U/\partial S)$，$U$：内部エネルギー)を変数にするかの違いや，ラグランジアンで考えるか（変数は速度 $\dot{x}$）とハミルトニアンで考えるか（変数は運動量 $p=(\partial L/\partial \dot{x})$）の違いなどである．

この変数のとりかえの際に，新しい変数が自然な形で独立変数になる関数として

$$\widetilde{A}(B,y)=\left(\frac{\partial A}{\partial x}\right)_y x-A(x,y) \tag{A.33}$$

がある．つまり，

$$\begin{aligned}
d\widetilde{A}(B,y)&=d(Bx)-dA\\
&=x\,dB+B\,dx-\left(\frac{\partial A}{\partial x}\right)dx-\left(\frac{\partial A}{\partial y}\right)dy\\
&=x\,dB-\left(\frac{\partial A}{\partial y}\right)dy
\end{aligned} \tag{A.34}$$

である．ここで A から $\widetilde{A}$ への変換をルジャンドル変換という．

A.3　シンプレクティック変換

正準方程式を不変にする変換のことである．ラグランジュの括弧式

$$(u,v)=\sum_i\left(\frac{\partial x_i}{\partial u}\frac{\partial p_i}{\partial v}-\frac{\partial p_i}{\partial u}\frac{\partial x_i}{\partial v}\right) \tag{A.35}$$

が正準不変であることから，

$$\sum_i(\delta x_i\,\delta' p_i-\delta p_i\,\delta' x_i)=\sum_i\left(\frac{\partial x_i}{\partial u}du\,\frac{\partial p_i}{\partial v}dv-\frac{\partial p_i}{\partial u}du\,\frac{\partial x_i}{\partial v}dv\right) \tag{A.36}$$

も正準不変である．ここで δx_i は u を du 変化させたときの x_i の変化である．また，$\delta' x_i$ は dv に対する変化である．この量は，行列を用いて表すと

$$
(\delta x_1,\ \cdots,\ \delta x_f,\ \delta p_1,\ \cdots,\ \delta p_f)\begin{pmatrix} 0 & \cdots & 0 & 1 & \cdots & 0 \\ 0 & \ddots & 0 & 0 & \ddots & 0 \\ 0 & \cdots & 0 & 0 & \cdots & 1 \\ -1 & \cdots & 0 & 0 & \cdots & 0 \\ 0 & \ddots & 0 & 0 & \ddots & 0 \\ 0 & \cdots & -1 & 0 & \cdots & 0 \end{pmatrix}\begin{pmatrix} \delta' x_1 \\ \vdots \\ \delta' x_f \\ \delta' p_1 \\ \vdots \\ \delta' p_f \end{pmatrix}
$$

と表される．つまり，ここで現れた交代行列を J とすると，ベクトル $\boldsymbol{w}$：

$$
\left.\begin{aligned} \boldsymbol{w} &= {}^t(\delta x_1,\ \cdots,\ \delta x_f,\ \delta p_1,\ \cdots,\ \delta p_f) \\ \boldsymbol{w}' &= {}^t(\delta' x_1,\ \cdots,\ \delta' x_f,\ \delta' p_1,\ \cdots,\ \delta' p_f) \end{aligned}\right\} \tag{A.37}
$$

を用いて行列の双１次形式 ${}^t\boldsymbol{w}J\boldsymbol{w}'$ で書かれる．ここで正準変換による微小変位の変換が行列 S で

$$
\begin{pmatrix} \delta x_1 \\ \vdots \\ \delta x_f \\ \delta p_1 \\ \vdots \\ \delta p_f \end{pmatrix} = S\begin{pmatrix} \delta X_1 \\ \vdots \\ \delta X_f \\ \delta P_1 \\ \vdots \\ \delta P_f \end{pmatrix}
$$

と与えられたとすると，上の双１次形式を不変にするためには

$$
{}^t\boldsymbol{w}J\boldsymbol{w}' = {}^t\boldsymbol{w}\,{}^tSJS\boldsymbol{w}'
$$

でなくてはならないため，つまり

$$
{}^tSJS = J \tag{A.38}
$$

が成立しなくてはならない．

この関係を満たす変換 S がシンプレクティック変換とよばれる．ハミルトンの運動方程式をこの行列 J を用いて表すと

$$
\dot{\boldsymbol{w}} = J\frac{\partial H}{\partial \boldsymbol{w}}
$$

となる．この関係は変換 S で不変である．

演習問題略解

第 1 章

[**1**] 深い井戸を掘り，実験器具を積んだ容器を自由落下させる．または，航空機を自由落下させその中で実験をする．ただし，航空機は自由落下しにくいので実際は下向きに加速度 g で急降下する．

[**2**]

$$T_1 \cos \theta_1 + T_2 \cos \theta_2 = mg$$
$$T_1 \sin \theta_1 - T_2 \sin \theta_2 = 0$$

より

$$T_1 = \frac{mg \sin \theta_2}{\sin (\theta_1 + \theta_2)}$$

$$T_2 = \frac{mg \sin \theta_1}{\sin(\theta_1 + \theta_2)}$$

[**3**] 角速度 $\boldsymbol{\omega}$ で回転している座標系 L' から慣性系のベクトル $\boldsymbol{A}$ を見ると，回転系での時間変化は

$$\frac{d\boldsymbol{A}}{dt} = \boldsymbol{\omega} \times \boldsymbol{A} + \frac{d'\boldsymbol{A}}{dt}$$

であるので，回転系の速度 $\boldsymbol{v}'$ は

$$\boldsymbol{v}' = \frac{d'\boldsymbol{r}}{dt} = -\boldsymbol{\omega} \times \boldsymbol{r} + \frac{d\boldsymbol{r}}{dt}$$

さらに

$$\frac{d^2\boldsymbol{r}}{dt^2} = \boldsymbol{\omega} \times \left(\boldsymbol{\omega} \times \boldsymbol{r} + \frac{d'\boldsymbol{r}}{dt}\right) + \frac{d'}{dt}\left(\boldsymbol{\omega} \times \boldsymbol{r} + \frac{d'\boldsymbol{r}}{dt}\right)$$
$$= \boldsymbol{\omega} \times (\boldsymbol{\omega} \times \boldsymbol{r}) + 2\boldsymbol{\omega} \times \frac{d'\boldsymbol{r}}{dt} + \frac{d^{2\prime}\boldsymbol{r}}{dt^2} + \frac{d'\boldsymbol{\omega}}{dt} \times \boldsymbol{r}$$

であるので回転系での運動方程式は

$$m\frac{d'^2\boldsymbol{r}}{dt^2} = m\frac{d^2\boldsymbol{r}}{dt^2} - 2m\boldsymbol{\omega} \times \frac{d\boldsymbol{r}}{dt} - m\boldsymbol{\omega} \times (\boldsymbol{\omega} \times \boldsymbol{r})$$

と書ける．ここで $d\boldsymbol{\omega}/dt = 0$ とした．慣性系での力を $\boldsymbol{F}$ とすると

$$m\frac{d^2\boldsymbol{r}}{dt^2} = \boldsymbol{F}$$

なので

$$m\frac{d'^2\boldsymbol{r}}{dt^2} = \boldsymbol{F} - 2m\left(\boldsymbol{\omega} \times \frac{d\boldsymbol{r}}{dt}\right) - m\boldsymbol{\omega} \times (\boldsymbol{\omega} \times \boldsymbol{r})$$

となる．ここで第 2 項はコリオリ力，第 3 項は遠心力とよばれる．ここで

$$\frac{d'\boldsymbol{\omega}}{dt} = \boldsymbol{\omega} \times \boldsymbol{\omega} + \frac{d\boldsymbol{\omega}}{dt} = \frac{d\boldsymbol{\omega}}{dt}$$

であるので $\boldsymbol{\omega}$ は回転系と静止系で同様に表されることに注意しよう．

第 2 章

［**1**］ ハミルトンの原理

$$\frac{d}{dt}\frac{\partial T}{\partial \dot{q}_j} - \frac{\partial T}{\partial q_j} - Q_j' = 0$$

ここで Q' は抵抗を含んだ外力．

$$Q_j' = \sum_i (f_i + X_i)\frac{\partial x_i}{\partial q_j} = \sum_i f_i \frac{\partial x_i}{\partial q_j} + \sum_i X_i \frac{\partial x_i}{\partial q_j} = Q_j + \sum_i X_i \frac{\partial x_i}{\partial q_j}$$

ここで Q_j は抵抗力を含まない外力．

$$\sum_i X_i \frac{\partial x_i}{\partial q_j} = -\sum_i k\dot{x}_i \frac{\partial x_i}{\partial q_j} = -\sum_i \frac{\partial F}{\partial \dot{x}_i}\frac{\partial x_i}{\partial q_j} = -\frac{\partial F}{\partial \dot{q}_j}$$

ゆえに

$$Q_j' = Q_j - \frac{\partial F}{\partial \dot{q}_j}$$

これからラグランジュの運動方程式は

$$\frac{d}{dt}\left(\frac{\partial T}{\partial \dot{q}_j}\right) - \frac{\partial T}{\partial q_j} + \frac{\partial F}{\partial \dot{q}_j} = Q_j$$

となる．ここで $2F$ は抵抗力で単位時間にエネルギーが散逸する割合を示している．

$$-\boldsymbol{X}\cdot d\boldsymbol{x} = -\boldsymbol{X}\cdot\dot{\boldsymbol{x}}\,dt = \sum_i k_i \dot{x}_i^2\,dt = 2F\,dt$$

［**2**］ (2.48) より

$$\dot{q}_j = \sum_i \frac{\partial q_j}{\partial x_i}\dot{x}_i \tag{1}$$

であり，$\dot{q}_j$ は $\{x_i\}$ と $\{\dot{x}_i\}$ の関数である．ここで

$$\left.\begin{aligned} \frac{\partial L(q, \dot{q})}{\partial q_j} &= \sum_i \left(\frac{\partial L}{\partial x_i}\frac{\partial x_i}{\partial q_j} + \frac{\partial L}{\partial \dot{x}_i}\frac{\partial \dot{x}_i}{\partial q_j}\right) \\ \frac{\partial L(q, \dot{q})}{\partial \dot{q}_j} &= \sum_i \left(\frac{\partial L}{\partial x_i}\frac{\partial x_i}{\partial \dot{q}_j} + \frac{\partial L}{\partial \dot{x}_i}\frac{\partial \dot{x}_i}{\partial \dot{q}_j}\right) \end{aligned}\right\} \tag{2}$$

において $x_i = x_i(\{q_j\})$ より

$$\frac{\partial x_i}{\partial \dot{q}_j} = 0$$

と，(1) より

$$\frac{\partial \dot{q}_j}{\partial \dot{x}_i} = \frac{\partial q_j}{\partial x_i} \quad \to \quad \frac{\partial \dot{x}_i}{\partial \dot{q}_j} = \frac{\partial x_i}{\partial q_j}$$

を用いると (2) は

$$\frac{\partial L}{\partial \dot{q}_j} = \sum \frac{\partial L}{\partial \dot{x}_i} \frac{\partial x_i}{\partial q_j}$$

となる．これを時間で微分すると

$$\frac{d}{dt}\left(\frac{\partial L}{\partial \dot{q}_j}\right) = \sum_i \left\{\frac{d}{dt}\left(\frac{\partial L}{\partial \dot{x}_i}\right)\frac{\partial x_i}{\partial q_j} + \frac{\partial L}{\partial \dot{x}_i}\frac{d}{dt}\left(\frac{\partial x_i}{\partial q_j}\right)\right\}$$

となる．ここで

$$\frac{d}{dt}\left(\frac{\partial x_i}{\partial q_j}\right) = \sum_k \frac{\partial}{\partial q_k}\left(\frac{\partial x_i}{\partial q_j}\right)\dot{q}_k = \frac{\partial}{\partial q_j}\sum \frac{\partial x_i}{\partial q_k}\dot{q}_k = \frac{\partial \dot{x}_i}{\partial q_j}$$

を用いると

$$\frac{d}{dt}\left(\frac{\partial L}{\partial \dot{q}_j}\right) = \sum_i \left\{\frac{d}{dt}\left(\frac{\partial L}{\partial \dot{x}_i}\right)\frac{\partial x_i}{\partial q_j} + \frac{\partial L}{\partial \dot{x}_i}\frac{\partial \dot{x}_i}{\partial q_j}\right\}$$

以上より

$$\frac{d}{dt}\left(\frac{\partial L}{\partial \dot{q}_j}\right) - \frac{\partial L}{\partial q_j} = \sum_i \left(\frac{d}{dt}\left(\frac{\partial L}{\partial \dot{x}_i}\right) - \frac{\partial L}{\partial x_i}\right)\frac{\partial x_i}{\partial q_j}$$

となり，$\{x_i\}$ でラグランジュの方程式が成り立てば $\{q_i\}$ でも成り立つことがいえる．

［**3**］

（1）　$L = \frac{1}{2}m\dot{x}^2 + \frac{1}{2}M\dot{x}^2 + Mgx - \frac{1}{2}kx^2$

（2）　$(m + M)\ddot{x} - Mg + kx = 0$

（3）　$x = \frac{M}{k}g\left(1 - \cos\sqrt{\frac{k}{m + M}}\,t\right)$

［**4**］

（1）　$X = \frac{mx_1 + Mx_2}{m + M}$，$x = x_1 - x_2$ として

$$\begin{aligned} L &= \frac{1}{2}m\dot{x}_1{}^2 + \frac{1}{2}M\dot{x}_2{}^2 - \frac{1}{2}k(l - x_2 + x_1)^2 \\ &= \frac{1}{2}(M + m)\dot{X}^2 + \frac{1}{2}\frac{Mm}{M + m}\dot{x}^2 - \frac{1}{2}k(l - x)^2 \end{aligned}$$

（2）

$$\begin{cases} m\ddot{x}_1 = -k(l - x_2 + x_1) \\ M\ddot{x}_2 = k(l - x_2 + x_1) \end{cases}$$

$$\begin{cases} (M+m)\ddot{X} = 0 \\ \dfrac{Mm}{M+m}\ddot{x} = k(l - x) \end{cases}$$

（3）　$X=$ 一定

$$x = a\cos\left(\sqrt{\frac{k(M+m)}{Mm}}\,t\right) + l$$

（4）　左の質点が壁から離れるまでは

$$M\ddot{x}_2 = -k(x_2 - l), \qquad x_2 = l - a\cos\sqrt{\frac{k}{M}}\,t$$

$t_0 \equiv \dfrac{\pi}{2}\sqrt{\dfrac{M}{k}}$ のときから（2）で求めた運動となる．

$$t \geqq t_0 \qquad \begin{cases} X = a\sqrt{\dfrac{k}{M}}\dfrac{M}{M+m}(t - t_0) + \dfrac{M}{M+m}l \\ x = a\sin\left(\sqrt{\dfrac{k(M+m)}{Mm}}(t - t_0)\right) + l \end{cases}$$

［**5**］

（1）

$$L = \frac{m}{2}l^2(\dot{\theta}_1{}^2 + \dot{\theta}_2{}^2) + mgl(\cos\theta_1 + \cos\theta_2)$$

$$-\frac{k}{2}l^2[(\sin\theta_2 - \sin\theta_1)^2 + (\cos\theta_2 - \cos\theta_1)^2]$$

（2）

$\theta_1 \ll 1$，$\theta_2 \ll 1$，また $\omega_g{}^2 = \dfrac{g}{l}$，$\omega_k{}^2 = \dfrac{k}{m}$ として

$$\begin{cases} \ddot{\theta}_1 + \omega_g{}^2\theta_1 - \omega_k{}^2(\theta_2 - \theta_1) = 0 \\ \ddot{\theta}_2 + \omega_g{}^2\theta_2 + \omega_k{}^2(\theta_2 - \theta_1) = 0 \end{cases}$$

（3）

$$(\ddot{\theta}_1 - \ddot{\theta}_2) + \omega_g{}^2(\theta_1 - \theta_2) + 2\omega_k{}^2(\theta_1 - \theta_2) = 0$$

$$(\ddot{\theta}_1 + \ddot{\theta}_2) + \omega_g{}^2(\theta_1 + \theta_2) = 0$$

より

$\theta_1 = \theta_2$　　からは角振動数 $\omega = \omega_g$，

$\theta_1 = -\theta_2$　からは $\omega = \sqrt{\omega_g{}^2 + 2\omega_k{}^2}$

の単振動をする．

（4）　上述の 2 つの単振動の重ね合せとなる．

$$\theta_1 = 0, \quad \theta_2 = a, \quad \theta_1 + \theta_2 = a, \quad \theta_1 - \theta_2 = -a$$

［**6**］（1）質点の位置を (x, y)

$$\begin{cases} x = R\cos\theta + (l + R\theta)\sin\theta \\ y = R\sin\theta - (l + R\theta)\cos\theta \end{cases}$$

より

$$\dot{x} = \{(l + R\theta)\cos\theta\}\dot{\theta}$$
$$\dot{y} = \{(l + R\theta)\sin\theta\}\dot{\theta}$$

$$L = \frac{m}{2}(l + R\theta)^2\dot{\theta}^2 - mg\{R\sin\theta - (l + R\theta)\cos\theta\}$$

（2）

$$m\frac{d}{dt}[(l + R\theta)^2\dot{\theta}] + mg(l + R\theta)\sin\theta - mR(l + R\theta)\dot{\theta}^2 = 0$$

$$(l + R\theta)\ddot{\theta} + R(\dot{\theta})^2 + g\sin\theta = 0$$

（3）$\theta \ll 1$, $\left(\dfrac{R}{l}\right)^2 \to 0$ とすると

$$ml^2\ddot{\theta} + mgl\theta + mlR[2\theta\ddot{\theta} + \dot{\theta}^2] + mgR\theta^2 = 0$$
$$l\ddot{\theta} + g\theta \cong -R(\theta\ddot{\theta} + \dot{\theta}^2)$$

$\ddot{\theta} + \dfrac{g}{l}\sin\theta = 0$, 振り子と同じ運動，特に $\theta \ll 1$ のとき

$$l\ddot{\theta} + g\theta = 0 \qquad \theta = c\cos\omega_0 t \qquad \omega_0 = \sqrt{\frac{g}{l}}$$

（4）R/l に関する摂動法を用いて

$$\theta = c\cos\omega_0 t - \frac{R}{3l}c^2\cos 2\omega_0 t$$

第 3 章

［**1**］（1）$L = \dfrac{m}{2}\{(l\dot{\theta})^2 + (l\sin\theta)^2\dot{\varphi}^2\} + mgl\cos\theta$

（2）
$$\begin{cases} p_\theta = \dfrac{\partial L}{\partial\dot{\theta}} = ml^2\dot{\theta} \\ p_\varphi = \dfrac{\partial L}{\partial\dot{\varphi}} = ml^2\sin^2\theta\,\dot{\varphi} \end{cases}$$

$$\mathcal{H} = p_\theta\dot{\theta} + p_\varphi\dot{\varphi} - L = \frac{1}{2ml^2}\left(p_\theta{}^2 + \frac{p_\varphi{}^2}{\sin^2\theta}\right) - mgl\cos\theta$$

$$\dot{p}_\varphi = 0$$

$$\dot{p}_\theta = -\frac{\partial\mathcal{H}}{\partial\theta} = \frac{p_\varphi{}^2}{ml^2}\frac{\cos\theta}{\sin^3\theta} - mgl\sin\theta$$

（3） $\varphi\,(p_\varphi = 一定)$

（4） $p_\theta{}^2 = 2ml^2(E + mgl\cos\theta) - \dfrac{p_\varphi{}^2}{\sin^2\theta}$

$$\dot{\theta} = \pm\sqrt{\frac{2E}{ml^2} + \frac{2g}{l}\cos\theta - \left(\frac{p_\varphi}{ml^2}\right)^2\frac{1}{\sin^2\theta}}$$

$$t = \int\frac{d\theta}{\dot{\theta}}$$

（5） $\dot{\theta} = 0$

$$p_\varphi = \sqrt{2ml^2\sin^2\theta\,(E + mgl\cos\theta)} = ml^2\sin^2\theta\,\dot{\varphi}$$

$$\dot{\varphi} = \sqrt{\frac{2}{ml^2\sin^2\theta}(E + mgl\cos\theta)}$$

での回転運動

［**2**］

$$W(p_x, p_y, p_z, \xi, \eta, \zeta) = -\{p_x(\xi\cos\omega t - \eta\sin\omega t) + p_y(\xi\sin\omega t + \eta\cos\omega t) + p_z\zeta\}$$

$$\begin{cases} P_\xi = -\dfrac{\partial W}{\partial \xi} = p_x\cos\omega t + p_y\sin\omega t \\ P_\eta = -\dfrac{\partial W}{\partial \eta} = -p_x\sin\omega t + p_y\cos\omega t \\ P_\zeta = -\dfrac{\partial W}{\partial \zeta} = p_z \end{cases}$$

$$p_x = P_\xi\cos\omega t - P_\eta\sin\omega t, \qquad p_y = P_\xi\sin\omega t + P_\eta\cos\omega t$$

回転系でのハミルトニアン

$$H'(P_\xi, P_\eta, P_\zeta, \xi, \eta, \zeta) = H + \frac{\partial W}{\partial t} = H + \omega(P_\xi\eta - P_\eta\xi) = H - L_\zeta$$

中心力 $H = \dfrac{\boldsymbol{p}^2}{2m} + V(r)$ の場合 $r^2 = x^2 + y^2 + z^2 = \zeta^2 + \eta^2 + \zeta^2$ より

$$H' = \frac{1}{2m}\boldsymbol{P}^2 + V(r) + \omega(P_\xi\eta - P_\eta\xi)$$

$$\frac{\partial H'}{\partial P_\xi} = \omega\eta = \dot{\xi}, \qquad \frac{\partial H'}{\partial P_\eta} = -\omega\xi = \dot{\eta}$$

［**3**］

$$P = \frac{\partial L}{\partial \dot{x}} = m\dot{x} + M\dot{x}$$

$$H = p\dot{x} - L \equiv p\dot{x} - \frac{1}{2}(m + M)\dot{x}^2 - Mgx + \frac{1}{2}kx^2$$

$\dot{x}$ に $\dfrac{p}{m + M}$ を代入して

$$H = \frac{1}{2}\frac{p^2}{m+M} - Mgx + \frac{1}{2}kx^2$$

$$\left.\begin{aligned} \dot{x} &= \frac{\partial H}{\partial p} = \frac{p}{m+M} \\ \dot{p} &= -\frac{\partial H}{\partial x} = Mg + kx \end{aligned}\right\}$$

[**4**]

(1)
$$p = \frac{\partial W}{\partial x} = m\omega x \cot X$$

$$P = -\frac{\partial W}{\partial X} = \frac{m\omega x^2}{2\sin^2 X} = \frac{m\omega x^2}{2}\left(\left(\frac{p}{m\omega x}\right)^2 + 1\right) = \frac{p^2}{2m\omega} + \frac{m\omega}{2}x^2$$

(2) $\dfrac{\partial W}{\partial t} = 0$ より $H(p, x) = H'(P, X)$

$H'(P, X) = \omega P$

(3) $\dot{X} = \dfrac{\partial H'}{\partial P} = \omega$

$\dot{P} = -\dfrac{\partial H'}{\partial X} = 0$

ゆえに X は循環座標で P 一定，$X = \omega t + \alpha$

[**5**]

$$p = \frac{\partial W}{\partial x} = \sqrt{m(t)}\,P$$

$$X = \frac{\partial W}{\partial P} = \sqrt{m(t)}\,x$$

$$H' = H + \frac{\partial W}{\partial t} = \frac{1}{2}P^2 + \frac{1}{2}\omega^2 X^2 + \frac{\dot{m}}{2m}XP = \frac{1}{2}P^2 + \frac{1}{2}\omega^2 X^2 - \frac{\alpha}{2}XP$$

となり H' は t に陽によらないので保存する．

第 4 章

[**1**] 式 (4.57) は式 (4.58) を用いると

$$\frac{1}{2m}\left(\frac{\partial S}{\partial x}\right)^2 + \frac{k}{2}x^2 = E$$

となる．これより，

$$p = \frac{\partial S}{\partial x} = \sqrt{2m\left(E - \frac{k}{2}x^2\right)}$$

である．これを積分すると

$$S(x) = \int \sqrt{2m\left(E - \frac{k}{2}x^2\right)}\,dx$$

となる．これから，$x(t)$ の形を求めるには

$$\frac{\partial S}{\partial E} = \int \frac{m}{p}\,dx = \int (\dot{x})^{-1} dx = t + \beta$$

を用いて

$$\frac{\partial S}{\partial E} = \int \frac{m}{\sqrt{2m\left(E - \frac{k}{2}x^2\right)}}\,dx = \sqrt{\frac{m}{k}}\sin^{-1}\left(\frac{x}{\sqrt{\frac{2E}{k}}}\right) = t + \beta$$

から

$$x(t) = \sqrt{\frac{2E}{k}}\sin\left(\sqrt{\frac{k}{m}}\,t + \beta\right)$$

が得られる．

［**2**］

$$I = \int \left(\sum_i p_i \dot{x}_i - H\right) dt = \int \left(\sum_i p_i\, dx_i - H\, dt\right)$$

これから

$$dI = \sum_i p_i\, dx_i - H\, dt$$

と考えれば，軌道の終点の時間を変化させる（δt）場合(ただし，位置は動かさない：$\delta x_i = 0$)，変分原理は

$$\delta I = -H\,\delta t$$

となる．エネルギー一定の場合だけ考えているので，

$$\delta I + E\,\delta t = 0$$

と書くことができる．ここで $H = E$ として $I = \int\left(\sum_i p_i\, dx_i - E\, dt\right)$ を代入すると

$$\delta \int \sum_i p_i\, dx_i = 0$$

となる(最小作用の原理)．つまり，終点の時刻に関係なくエネルギー一定で与えられた始点から出発し，終点を通るすべての軌道についてこの変分を満たすものが実現するのである．質量 m の 1 つの質点の運動を考え，$\boldsymbol{p}$ の接線方向の変位を ds とすると

$$\sum p_i\, dx_i = mv\, ds$$

と書けるので

$$\delta \int mv\, ds = 0$$

となる．

［3］

$$\sum_i [u_i, u_j](u_i, u_k) = \sum_{i,r,s}\left(\frac{\partial u_i}{\partial x_r}\frac{\partial u_j}{\partial p_r} - \frac{\partial u_i}{\partial p_r}\frac{\partial u_j}{\partial x_r}\right)\left(\frac{\partial x_s}{\partial u_i}\frac{\partial p_s}{\partial u_k} - \frac{\partial p_s}{\partial u_i}\frac{\partial x_s}{\partial u_k}\right)$$

を展開して,

$$\sum_i \frac{\partial u_i}{\partial x_r}\frac{\partial x_s}{\partial u_i} = \delta_{r,s}$$

であることに注意すると，たとえば第1項は

$$\sum_{i,r,s}\frac{\partial u_i}{\partial x_r}\frac{\partial u_j}{\partial p_r}\frac{\partial x_s}{\partial u_i}\frac{\partial p_s}{\partial u_k} = \sum_{r,s}\left(\sum_i \frac{\partial u_i}{\partial x_r}\frac{\partial x_s}{\partial u_i}\right)\frac{\partial u_j}{\partial p_r}\frac{\partial p_s}{\partial u_k} = \sum_r \frac{\partial u_j}{\partial p_r}\frac{\partial p_r}{\partial u_k}$$

となる．同様にして

$$\sum_{i,r,s}\frac{\partial u_i}{\partial p_r}\frac{\partial u_j}{\partial x_r}\frac{\partial p_s}{\partial u_i}\frac{\partial x_s}{\partial u_k} = \sum_r \frac{\partial u_j}{\partial x_r}\frac{\partial x_r}{\partial u_k}$$

また，x と p の積からなる項は同様にしてゼロになる．これらの和をとることで

$$\sum_i [u_i, u_j](u_i, u_k) = \sum_r\left(\frac{\partial u_j}{\partial p_r}\frac{\partial p_r}{\partial u_k} + \frac{\partial u_j}{\partial x_r}\frac{\partial x_r}{\partial u_k}\right) = \delta_{j,k}$$

を得る．

［4］

$$\begin{aligned}[L_x, L_y] &= \left(\frac{\partial L_x}{\partial x}\frac{\partial L_y}{\partial p_x} - \frac{\partial L_x}{\partial p_x}\frac{\partial L_y}{\partial x}\right) + \left(\frac{\partial L_x}{\partial y}\frac{\partial L_y}{\partial p_y} - \frac{\partial L_x}{\partial p_y}\frac{\partial L_y}{\partial y}\right) \\ &\qquad + \left(\frac{\partial L_x}{\partial z}\frac{\partial L_y}{\partial p_z} - \frac{\partial L_x}{\partial p_z}\frac{\partial L_y}{\partial z}\right) \\ &= xp_y - yp_x \\ &= L_z\end{aligned}$$

同様にして $[L_y, L_z] = L_x$，$[L_z, L_x] = L_y$ となる

［5］

$$J = \oint p\,dx = \oint P\,dX = \oint P\omega\,dt = P\omega\cdot T = 2\pi P$$

J は断熱不変量であり，エネルギー $E = \omega P$ であることから $E \propto \omega$ である．実際 $E = \left(\dfrac{\omega}{2\pi}\right)J = \nu J$ であり，(4.72) が成立している．

［6］

$$\begin{aligned}A_x &= L_y p_z - L_z p_y + \frac{max}{r} \\ \dot{A}_x &= [A_x, H] \\ &= [L_y, H]p_z + L_y[p_z, H] - [L_z, H]p_y - L_z[p_y, H] + ma\left[\frac{x}{r}, H\right]\end{aligned}$$

$$\begin{aligned}[L_y, H] &= [zp_x - xp_z, H] \\ &= z[p_x, H] + p_x[z, H] - x[p_z, H] - p_z[x, H]\end{aligned}$$

$$= -\frac{axz}{r^3} + \frac{p_x p_z}{m} + \frac{axz}{r^3} - \frac{p_x p_z}{m} = 0$$

などから

$$\dot{A}_x = -L_y \frac{az}{r^3} + L_z \frac{ay}{r^3} + ma\left\{\frac{p_x}{m}\frac{r - \frac{x^2}{r}}{r^2} + \frac{p_y}{m}\left(-\frac{xy}{r^3}\right) + \frac{p_z}{m}\left(-\frac{xz}{r^3}\right)\right\}$$

$$= -\frac{a}{r^3}(zL_y - yL_z) + \frac{a}{r^3}\{zL_y - yL_z\} = 0$$

$$[A_x, A_y] = (xp_y - yp_x)\left(-p^2 + \frac{2ma}{r}\right) = 2mEL_z$$

第 5 章

［**1**］

$$E = \sum_i^{3N} \frac{p_i{}^2}{2m}$$

より等エネルギー面は $3N$ 次元空間における半径 $\sqrt{2mE}$ の球面である．
半径 r の n 次元空間での球の体積は $V = \pi^{n/2} r^n \Big/ \Gamma\left(\frac{n}{2}+1\right)$ で与えられる．
ここで $\Gamma(z)$ はガンマ関数（$\Gamma(z+1) = z\Gamma(z)$, $\Gamma(1/2) = \sqrt{\pi}$ ）である．これより表面積は

$$S = \left(\pi^{n/2} n \Big/ \Gamma\left(\frac{n}{2}+1\right)\right) \cdot r^{n-1}$$

となる．$r = \sqrt{2mE}$，$n = 3N$ を代入して

$$S = 3N\sqrt{\pi}\,(2\pi mE)^{\frac{3N-1}{2}} \Big/ \Gamma\left(\frac{3N}{2}+1\right)$$

となる．位相空間での面積という場合，位置の変数からの寄与

$$\int\cdots\int dx_1 \cdots dx_{3N} = V^N$$

も含めて

$$W(E) = V^N \cdot \frac{3N}{2} (2\pi mE)^{\frac{3N-1}{2}} \Big/ \Gamma\left(\frac{3N}{2}+1\right)$$

となる．

［**2**］ $(p^0)^2 - \boldsymbol{p}^2 = (m_0 c)^2$ を t で微分すると

$$2p^0 \frac{dp^0}{dt} = 2\boldsymbol{p} \cdot \frac{d\boldsymbol{p}}{dt} = 2\boldsymbol{p} \cdot \boldsymbol{F} = \frac{2m_0 \boldsymbol{v} \cdot \boldsymbol{F}}{\sqrt{1 - v^2/c^2}}$$

$p^0 = \dfrac{m_0 c}{\sqrt{1 - v^2/c^2}}$ を代入すると

$$c\,dp^0 = \boldsymbol{v}\cdot\boldsymbol{F}\,dt = F_x\,dx + F_y\,dy + F_z\,dz$$

[**3**]

$$\frac{d}{dt}\left(\frac{\partial L}{\partial \dot{x}_i}\right) = \frac{d}{dt}(m\dot{x}_i + qA_i) = m\ddot{x}_i + q\frac{dA_i}{dt}$$

$$\frac{\partial L}{\partial x_i} = -q\frac{\partial \phi}{\partial x_i} + q\sum_j \dot{x}_j \frac{\partial A_j}{\partial x_i}$$

より

$$m\ddot{x}_i = -q\frac{\partial \phi}{\partial x_i} - q\frac{\partial A_i}{\partial t} - q\sum_j \frac{dx_j}{dt}\frac{\partial A_i}{\partial x_j} + q\sum_j \dot{x}_j\frac{\partial A_j}{\partial x_i}$$

ここで

$$-q\frac{\partial \phi}{\partial x_i} - q\frac{\partial A_i}{\partial t} = qE_i$$

$$\boldsymbol{v}\times\boldsymbol{B} = \begin{pmatrix} v_yB_z - v_zB_y \\ v_zB_x - v_xB_z \\ v_xB_y - v_yB_x \end{pmatrix}$$

$$\begin{pmatrix} v_y\left[\dfrac{\partial A_y}{\partial x} - \dfrac{\partial A_x}{\partial y}\right] - v_z\left[\dfrac{\partial A_x}{\partial z} - \dfrac{\partial A_z}{\partial x}\right] \\ v_z\left[\dfrac{\partial A_z}{\partial y} - \dfrac{\partial A_y}{\partial z}\right] - v_x\left[\dfrac{\partial A_y}{\partial x} - \dfrac{\partial A_x}{\partial y}\right] \\ v_x\left[\dfrac{\partial A_x}{\partial z} - \dfrac{\partial A_z}{\partial x}\right] - v_y\left[\dfrac{\partial A_z}{\partial y} - \dfrac{\partial A_y}{\partial z}\right] \end{pmatrix}$$

に注意すると

$$m\ddot{x}_i = q\boldsymbol{E} + q\boldsymbol{v}\times\boldsymbol{B}$$

となる.

ベクトル表記では

$$\frac{d}{dt}(m\dot{\boldsymbol{r}}) = -q\nabla\phi + q\nabla(\boldsymbol{v}\cdot\boldsymbol{A}) - q\frac{d\boldsymbol{A}}{dt}$$

ここでベクトルの三重積の一般公式

$$\boldsymbol{A}\times(\boldsymbol{B}\times\boldsymbol{C}) = (\boldsymbol{A}\cdot\boldsymbol{C})\boldsymbol{B} - (\boldsymbol{A}\cdot\boldsymbol{B})\boldsymbol{C}$$

より

$$\boldsymbol{v}\times(\nabla\times\boldsymbol{A}) = \nabla(\boldsymbol{v}\cdot\boldsymbol{A}) - (\boldsymbol{v}\cdot\nabla)\boldsymbol{A}$$

であることを用いて

$$m\ddot{\boldsymbol{r}}_i = q\boldsymbol{E} + q(\boldsymbol{v} \times (\nabla \times \boldsymbol{A})) = q\boldsymbol{E} + q\boldsymbol{v} \times \boldsymbol{B}$$

となる．ここで $d\boldsymbol{A}/dt$ と $\partial\boldsymbol{A}/\partial t$ の違いに注意．

［**4**］

$$\dot{x}_i = \frac{\partial H}{\partial p_i} = \frac{1}{m}\Big(p_i - qA_i\Big)$$

$$\dot{p}_i = -\frac{\partial H}{\partial x_i} = \frac{q}{m}\sum_{j=1}^{3}\Big(p_j - qA_j\Big)\frac{\partial A_j}{\partial x_i} - q\frac{\partial \phi}{\partial x_i}$$

第 1 式を時間微分して，第 2 式を代入し $\boldsymbol{E}$ と $\boldsymbol{B}$ の定義を用いて整理すると

$$m\ddot{x}_i = qE_i + q(\boldsymbol{v} \times \boldsymbol{B})_i$$

が得られる．

［**5**］

$$\int_{t_0}^{t_1} dt \int dx\, dy\, dz [\mathcal{L}(\phi + \delta\phi) - \mathcal{L}(\phi)]$$

$$= \int_{t_0}^{t_1} dt \int dx\, dy\, dz \left[\frac{\partial \mathcal{L}}{\partial \phi}\delta\phi + \frac{\partial \mathcal{L}}{\partial \nabla\phi}\cdot\nabla(\delta\phi) + \frac{\partial \mathcal{L}}{\partial \dot{\phi}}\delta\dot{\phi}\right]$$

部分積分をすることで

$$= \int_{t_0}^{t_1} dt \int dx\, dy\, dz \left[\frac{\partial \mathcal{L}}{\partial \phi}\delta\phi - \nabla\cdot\frac{\partial \mathcal{L}}{\partial \nabla\phi}\delta\phi - \left(\frac{d}{dt}\frac{\partial \mathcal{L}}{\partial \dot{\phi}}\right)\delta\phi\right]$$

$$+ \int_{t_0}^{t_1} \int dy\, dz \left[\frac{\partial \mathcal{L}}{\partial\left(\dfrac{\partial}{\partial x}\phi\right)}\delta\phi\right]_{x_0}^{x_1} + \text{etc.}$$

境界で $\delta\phi = 0$ とすると (5.78) 式が得られ，これより (5.79) が得られる．

［**6**］ 力学変数として A^μ をとり，ラグランジュの方程式 (5.79) を考える．

$$\frac{\partial \mathcal{L}}{\partial A^\mu} - \sum_{j=1}^{3}\partial_j \frac{\partial \mathcal{L}}{\partial(\partial_j A^\mu)} - \frac{\partial}{\partial t}\frac{\partial \mathcal{L}}{\partial(c\,\partial_0 A^\mu)} = 0 \qquad (1)$$

ここで $F^{\mu\nu} = \partial^\mu A^\nu - \partial^\nu A^\mu$，$F_{\mu\nu} = \partial_\mu A_\nu - \partial_\nu A_\mu$ に注意して

$$\begin{aligned} F^{\mu\nu}F_{\mu\nu} &= (\partial^\mu A^\nu - \partial^\nu A^\mu)(\partial_\mu A_\nu - \partial_\nu A_\mu) \\ &= \partial^\mu A^\nu \partial_\mu A_\nu - \partial^\mu A^\nu \partial_\nu A_\mu - \partial^\nu A^\mu \partial_\mu A_\nu + \partial^\nu A^\mu \partial_\nu A_\mu \\ &= g^{\mu\mu}\partial_\mu A^\nu g_{\nu\nu}\partial_\mu A^\nu - 2\partial_\mu A^\nu \partial_\nu A^\mu + g^{\nu\nu}g_{\mu\mu}\partial_\nu A^\mu \partial_\nu A^\mu \end{aligned}$$

と変形して $\partial_\nu A^\mu$ で微分する．

まず，$\mu = 1$ の場合 ($A^1 = A_x$)，(1) は

$$0 + \frac{1}{4\mu_0}[0 + \partial_y(2g^{22}g_{11}\partial_2 A^1 - 2\partial_1 A^2) + \partial_z(2g^{33}g_{11}\partial_3 A^1 - 2\partial_1 A^3)]$$

$$+ \frac{1}{4\mu_0 c}\frac{\partial}{\partial t}[0 + 2g^{11}g_{00}\,\partial_0 A^1 - 2\partial_1 A^0] = 0$$

となる．

$$\partial_2 A^1 - \partial_1 A^2 = -B_z, \qquad \partial_3 A^1 - \partial_1 A^3 = B_y$$

$$g^{11} g_{00} \partial_0 A^1 - \partial_1 A^0 = g^{11}(\partial^0 A^1 - \partial^1 A^0) = g^{11}(E^x/c) = E^x/c$$

や

$$g^{22} g_{11} = g^{33} g_{11} = -g^{11} g_{00} = 1$$

を用いると

$$-\frac{\partial}{\partial y} B_z + \frac{\partial}{\partial z} B_y + \frac{1}{c^2}\frac{\partial}{\partial t} E_x = 0$$

つまり

$$\nabla \times \boldsymbol{B} - \frac{1}{c^2}\frac{\partial}{\partial t}\boldsymbol{E} = 0$$

が得られる．

また，$\mu = 0$ の場合

$$0 + \frac{1}{4\mu_0}\sum_j \partial_j [g^{jj} g_{00} 2\partial_j A^0 - 2\partial_0 A^j] + 0 = 0 \qquad (j = 1, 2, 3)$$

$$g^{jj} g_{00} \partial_j A^0 - \partial_0 A^j = g_{00}(\partial^j A^0 - \partial^0 A^j) = g_{00}\left(-\frac{E_j}{c}\right) = \frac{E_j}{c}$$

$$\sum_{j=1}^{3} \partial_j E_j = \mathrm{div}\,\boldsymbol{E} = 0$$

が得られる．

[**7**]

$$\pi^\mu = \frac{\partial \mathcal{L}}{\partial \dot{A}_\mu} = +\frac{\partial \mathcal{L}}{\partial c(\partial_0 A_\mu)} = -\frac{1}{4\mu_0} g^{00} g^{\mu\mu} 2(F_{0\mu} - F_{\mu 0})$$

$$\pi^0 = 0$$

$$\pi^i = -\frac{2}{4\mu_0 c}\left(\frac{2E^i}{c}\right) = -\frac{1}{\mu_0 c^2} E^i = -\varepsilon_0 E^i$$

$$\pi^\mu \dot{A}_\mu = -\varepsilon_0\left(E_x \frac{\partial A_x}{\partial t} + E_y \frac{\partial A_y}{\partial t} + E_z \frac{\partial A_z}{\partial t}\right)$$

$E_x = -\dfrac{\partial \phi}{\partial x} - \dfrac{\partial A_x}{\partial t}$ などを用いて

$$= -\varepsilon_0\left(E_x\left(-E_x - \frac{\partial \phi}{\partial x}\right) + E_y\left(-E_y - \frac{\partial \phi}{\partial y}\right) + E_z\left(-E_z - \frac{\partial \phi}{\partial z}\right)\right)$$

$$= +\varepsilon_0 \boldsymbol{E}^2 + \varepsilon_0 \boldsymbol{E} \cdot \nabla \phi$$

第 2 項は体積積分で 0 になるので

$$H = \int d\boldsymbol{r}\left[\varepsilon_0 \boldsymbol{E}^2 - \frac{1}{2}\left(\varepsilon_0 \boldsymbol{E}^2 - \frac{1}{\mu_0}\boldsymbol{B}^2\right)\right] = \frac{1}{2}\int d\boldsymbol{r}\left(\varepsilon_0 \boldsymbol{E}^2 + \frac{1}{\mu_0}\boldsymbol{B}^2\right)$$

となる．これは電磁場のエネルギー密度と一致している．

[8]

$$\begin{pmatrix} 1-w_{\mathrm{A\to B}}\Delta t & w_{\mathrm{B\to A}}\Delta t & 0 \\ w_{\mathrm{A\to B}}\Delta t & 1-w_{\mathrm{B\to A}}\Delta t - w_{\mathrm{B\to C}}\Delta t & w_{\mathrm{C\to B}}\Delta t \\ 0 & w_{\mathrm{B\to C}}\Delta t & 1-w_{\mathrm{C\to B}}\Delta t \end{pmatrix}$$

(注意：　各行列要素が負になる場合は物理的に意味をもたない．Δt を小さくしてそれを防ぐ．)

$w_{\mathrm{A\to B}} = w_{\mathrm{B\to A}} = w_{\mathrm{B\to C}} = w_{\mathrm{C\to B}} = w$ とする．

$$\begin{pmatrix} P_{\mathrm{A}}(t+\Delta t) \\ P_{\mathrm{B}}(t+\Delta t) \\ P_{\mathrm{C}}(t+\Delta t) \end{pmatrix} = \begin{pmatrix} 1-w\Delta t & w\Delta t & 0 \\ w\Delta t & 1-2w\Delta t & w\Delta t \\ 0 & w\Delta t & 1-w\Delta t \end{pmatrix} \begin{pmatrix} P_{\mathrm{A}}(t) \\ P_{\mathrm{B}}(t) \\ P_{\mathrm{C}}(t) \end{pmatrix}$$

固有値 1，$1-w\Delta t$，$1-3w\Delta t$ に対する固有ベクトルが，それぞれ

$$\begin{pmatrix} 1 \\ 1 \\ 1 \end{pmatrix}, \quad \begin{pmatrix} 1 \\ 0 \\ -1 \end{pmatrix}, \quad \begin{pmatrix} 1 \\ -2 \\ 1 \end{pmatrix}$$

である．これより一般に

$$\begin{pmatrix} P_{\mathrm{A}}(n\Delta t) \\ P_{\mathrm{B}}(n\Delta t) \\ P_{\mathrm{C}}(n\Delta t) \end{pmatrix} = \begin{pmatrix} 1/3 \\ 1/3 \\ 1/3 \end{pmatrix} + \alpha(1-w\Delta t)^n \begin{pmatrix} 1 \\ 0 \\ -1 \end{pmatrix} + \beta(1-3w\Delta t)^n \begin{pmatrix} 1 \\ -2 \\ 1 \end{pmatrix}$$

と書ける．ここで，α，β は初期条件から決める．題意の場合 $\alpha = 0$，$\beta = -\dfrac{1}{3}$ である．

一般に $e^{-t/\tau} = e^{-n\Delta t/\tau} = (1-w\Delta t)^n$，あるいは $(1-3w\Delta t)^n$ と置いたとき

$$\tau_1 = -\frac{\Delta t}{\ln(1-w\Delta t)}, \qquad \tau_2 = -\frac{\Delta t}{\ln(1-3w\Delta t)}$$

は緩和時間とよばれる．また，対応するモード $\begin{pmatrix} 1 \\ 0 \\ -1 \end{pmatrix}$，$\begin{pmatrix} 1 \\ -2 \\ 1 \end{pmatrix}$ は緩和モードとよばれる．

参　考　書

解析力学に関しては多くの教科書がある．いずれも良著であるが，筆者が参考にした教科書を挙げておく．

山内恭彦：「一般力学」(岩波書店)

高橋　康：「量子力学を学ぶための 解析力学入門」(講談社)

原島　鮮：「力学II—解析力学—」(裳華房)

田辺行人，品田正樹：「理・工基礎 解析力学」(裳華房)

ランダウ－リフシッツ著，広重　徹，恒藤敏彦訳：「場の古典論」(東京図書)

牟田泰三：「電磁気学」(岩波書店)

山本義隆，中村孔一：「解析力学 1，2」(朝倉書店)

索 引

著者略歴

1954年 兵庫県出身．東京大学理学部物理学科卒，同大学院博士課程，東大理学部助手，京都大学教養部助教授，京大大学院人間環境学研究科助教授，大阪大学理学部教授を経て，現在，東京大学大学院理学系研究科教授．理学博士．

主な著書：「熱・統計力学」（培風館），「熱力学の基礎」（サイエンス社）

裳華房テキストシリーズ－物理学 **解析力学**

2000年3月15日 第1版発行
2018年4月15日 第8版1刷発行

検印省略

定価はカバーに表示してあります．

増刷表示について
2009年4月より「増刷」表示を『版』から『刷』に変更いたしました．詳しい表示基準は弊社ホームページ
http://www.shokabo.co.jp/
をご覧ください．

著者 宮下精二
発行者 吉野和浩
発行所 〒102-0081 東京都千代田区四番町8-1
電話 (03) 3262-9166～9
株式会社 裳華房
印刷所 中央印刷株式会社
製本所 株式会社 松岳社

社団法人
自然科学書協会会員

ISBN 978-4-7853-2090-4